高校入試 — 合格

わかるまとめと
よく出る問題で
合格力が上がる

SCIENCE

GOUKAKU
BON!

理科

Gakken

合格に近づくための
高校入試の勉強法
STUDY TIPS

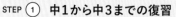

> まず何から始めればいいの?

スケジュールを立てよう!

入試本番までにやることは,

STEP ①	中1から中3までの復習
STEP ②	まだ中3の内容で習っていないことがあれば,その予習
STEP ③	受験する学校の過去問対策

です。①から順に進めていきましょう。まず,この3つを,入試本番の日にちから逆算して,「10月までに中1・中2の復習を終わらせる」,「12月中に3年分の過去問を解く」などの**大まかなスケジュール**を立ててから,1日のスケジュールを立てます。

> どういうふうに1日のスケジュールを作ればいいの?

学校がある日と休日で分けて,学校がある日は1日5時間,休日は1日10時間(休憩は除く)というように**勉強する時間を決め**ます。曜日ごとに朝からのスケジュールを立てて,それを表にして部屋に貼り,その通りに行動できるようにがんばってみましょう! 部活を引退したり,入試が近づいてきたりして,状況が変わったときや,勉強時間を増やしたいときには**スケジュールを見直し**ましょう。

60-90分
勉強したら,
10分
休憩しよう!

例 1日のスケジュール (部活引退後の場合)

	6:00	7:00	8:00	9:00	10:00	11:00	12:00	13:00	14:00	15:00	16:00	17:00	18:00	19:00	20:00	21:00	22:00	23:00
平日	起床朝食	勉強		学校								勉強		夕食休憩	塾		自由時間	睡眠
休日	睡眠	起床朝食		勉強			昼食休憩		勉強					夕食休憩	勉強		自由時間	睡眠

> 自分に合った勉強法がわからない…どうやればいいの?

勉強ができる人のマネをしよう!

成績が良い友達や先輩,きょうだいの勉強法を聞いて,マネしてみましょう。勉強法はたくさんあるので,一人だけではなくて,何人かに聞いてみるとよいですね。その中で,自分に一番合いそうな勉強法を続けてみましょう。例えば,
・間違えた問題のまとめノートを作る
・公式など暗記したいものを書いた紙をトイレに貼る
・毎朝10分,教科書を読む
などがあります。

◎鎌倉仏教
浄土宗　──→法然
浄土真宗　──→親鸞

例 まとめノート

すぐ集中力が切れちゃう…

まずは15分間やってみよう！

集中力が無いまま，だらだら続けても意味がありません。**タイマーを用意しましょう**。まずは，15分でタイマーをセットしてその間は問題を解く。15分たったら5分間休憩。終わったらまた15分間…というように，短い時間から始めましょう。タイマーが鳴っても続けられそうだったら，少しずつ時間をのばして…と，どんどん集中する時間をのばしていきましょう。60分間持続してできることを目標にがんばりましょう！

家だと集中できない…！！

勉強する環境を変えてみましょう。例えば，机の周りを片づけたり，図書館に行くなど場所を変えてみたり。睡眠時間が短い場合も集中できなくなるので，早く寝て，早く起きて勉強するのがオススメです。

勉強のモチベーションを上げるにはどうすればいいの？

1教科をとことんやってみよう！

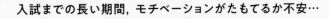

例えば，どれか1教科の勉強に週の勉強時間の半分を使って，とことんやってみましょう。その教科のテストの点数が上がって自信になれば，ほかの教科もがんばろうという気持ちになれます。

入試までの長い期間，モチベーションがたもてるか不安…

自分にごほうびをあげるのはどうでしょう？ 「次のテストで80点取れたら，好きなお菓子を買う」というように，目標達成のごほうびを決めると，やる気もわくはずです。また，合格した高校の制服を着た自分や，部活で活躍する自分をイメージすると，**受験に向けてのモチベーションアップ**につながります。

理科の攻略法

SCIENCE

POINT 1

暗記は表やイラストをかいて覚える!

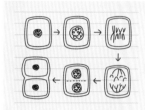

例 流れのまとめ方

理科の暗記が苦手だという人は，自分で表やイラストにまとめてみましょう。例えば，植物の単子葉類と双子葉類の根・茎・葉のようすを比較した表を作ったり，植物の細胞分裂の流れや，電池で起こる電子の移動などをイラストでかいたりして，**自分でまとめることでわかりやすく，覚えやすくなります。**

POINT 2

計算問題にひるむな!

例 計算式のつくり方

理科で計算問題が出てくると，難しそうに見えますが，**計算自体は小学校の算数レベルで簡単です。**まずは公式や解き方を参考にしながら，自分で式を作ってみましょう。解き直しをするときに解説を見ながらでもよいです。そのときに，式の数字の下に，その数が何を表すか書いておくと，次に式を作るときの参考になります。**計算問題は同じパターンの問題が多い**ので，くり返し問題を解いて練習すれば，問題にも慣れてきます。

POINT 3

実験問題は流れをつかめ!

実験問題も高校入試では多く扱われます。実験問題では，手順や道具の使い方をしっかりおさえておきましょう。

例えば，「蒸留の実験で沸騰石を使うのはなぜか」，「ガスバーナーで火をつけるときの手順は？」のような，「どの」道具を使うのかだけではなく，**「なぜ」その道具を使うのか，「どのように」その道具を使うのか**が問題では問われます。それを問題形式にして，自分でまとめると覚えやすくなります。また学校でやった実験のプリントを見直して，手順や道具の注意点，使い方などを確認するとよいでしょう。実験問題も，計算問題と同様，難しそうに見えますが，実験自体はたくさんパターンがあるわけではないので，学校で扱った実験や，この本に載っている実験をまとめて，くり返し問題を解くとよいでしょう。

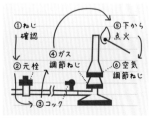

例 手順のまとめ方

記述問題は簡潔に!

記述問題では，必要な単語を使って，簡潔に書きましょう。理科の記述問題では，グラフや図を見てわかることや，実験結果からいえることを簡単に書けるようになれば大丈夫です。**記述問題の練習は，解き直しのときに解答を丸写しする**とよいでしょう。解答は簡潔に記述がまとめられているので，参考になります。そのときに，丸写しした文のポイントになるところを○で囲むなどして覚えて，次に同じ問題を解いたときに自分で書けるような工夫をしましょう。

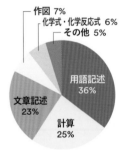

複合問題 1%
化学 26%
物理 24%
生物 26%
地学 24%

出題分野の割合
（小問数）

出題傾向

過去の公立高校入試では，各分野からほぼまんべんなく出題されており，かたよりはほとんどありません。このことから，不得意な分野や単元をつくらない学習が大切といえます。

解答形式別では，記述問題の割合が高くなっていて，特に，用語記述，計算，文章記述などが多く出題される傾向にあります。「この内容はこのような形式で出題されやすい」という傾向をつかんでおくのが，確実に攻略する近道です。

作図 7%
化学式・化学反応式 6%
その他 5%
用語記述 36%
文章記述 23%
計算 25%

記述問題の内容の割合
（小問数）

対策

①　用語を覚える　　　単元ごとに基礎的な用語とその意味をおさえておこう。

②　公式を身につける　公式や法則を使って，計算できるようにしておこう。

③　実験・観察をつかむ　手順や結果のほか，「なぜ，そうなるのか」をつかもう。

④　表現力をつける　　重要語句を使って，簡潔な文にまとめる練習をしておこう。

［高校入試　合格BON!　理科］を使った勉強のやり方

夏から始める	【1周目】**必ず出る!要点整理**を読んで，**基礎力チェック問題**を解く。
	【2周目】**高校入試実戦力アップテスト**を解く。
	【3周目】2周目で間違えた**高校入試実戦力アップテスト**の問題をもう一度解く。
秋から始める	【1周目】**必ず出る!要点整理**を読んで，**高校入試実戦力アップテスト**を解く。
	【2周目】1周目で間違えた，**高校入試実戦力アップテスト**の問題を解く。
直前から始める	理科が得意な人は**苦手な単元**，苦手な人は**知識問題**を中心に**高校入試実戦力アップテスト**を解く。

もくじ

高校入試問題の掲載について

● 問題の出題意図を損なわない範囲で，解答形式を変更したり，問題や写真の一部を変更・省略したりしたところがあります。
● 問題指示文，表記，記号などは全体の統一のため，変更したところがあります。
● 解答・解説は，各都道府県発表の解答例をもとに，編集部が作成したものです。

使い方

合格に近づくための 高校入試の勉強法

まず読んで，勉強の心構えを身につけましょう。

必ず出る！要点整理

入試に出る要点がわかりやすくまとまっており，3年分の内容が総復習できます。 重要! は必ずおさえましょう。

セットで使おう！

基礎力チェック問題

要点の理解度を確かめる問題です。

高校入試実戦力アップテスト

過去の入試問題から，実力のつく良問を集めています。

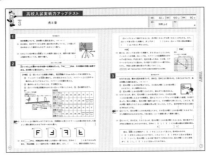

 よく出る! 入試に頻出の問題

 ミス注意 間違えやすい問題

 ハイレベル 特に難しい問題

 別冊

模擬学力検査問題

実際の入試の形式に近い問題です。入試準備の総仕上げのつもりで挑戦しましょう。

解答と解説

巻末から取り外して使います。くわしい解説やミス対策が書いてあります。間違えた問題は解説をよく読んで，確実に解けるようにしましょう。

巻末資料

よく使う単位や化学式など，まとめて確認したいものを一覧にしています。

直前チェック！ミニブック

巻頭から，切り取って使います。理科の重要用語・公式がまとまっていて，試験直前の確認にも役立ちます。

1 | 光と音

必ず出る！要点整理

光の進み方，凸レンズと像

❶ 光の進み方

(1) **光の反射**…光が物体の表面に当たってはね返る現象。

> **重要！**
>
> **光の反射の法則…入射角＝反射角**

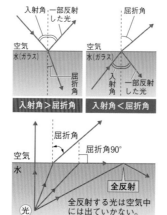

入射角＝反射角

入射光　反射光

鏡

▲ 光の反射の法則

(2) **光の屈折**…光が，異なる物質の境界面で折れ曲がって進む現象。

　①光が空気中から水（ガラス）中へ進むとき…入射角＞屈折角

　②光が水（ガラス）中から空気中へ進むとき…入射角＜屈折角

(3) **全反射**…入射角がある角度以上になると，屈折する光がなくなり，**光がすべて反射する現象。**

　入射角＜屈折角の光のときに起こる。

入射角　一部反射した光　屈折角

空気　空気

水（ガラス）　水（ガラス）

屈折角　入射角　一部反射した光

入射角＞屈折角　**入射角＜屈折角**

屈折角　屈折角90°

空気

水

光　**全反射**

全反射する光は空気中には出ていかない。

▲ 光の屈折と全反射

❷ 凸レンズと像

(1) **焦点**…光軸に平行な光が凸レンズを通過後，1点に集まるところ。

(2) **焦点距離**…凸レンズの中心から焦点までの距離。

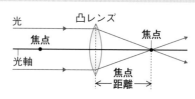

光　凸レンズ

焦点　焦点

光軸

焦点距離

▲ 凸レンズを通る光の進み方

用語

乱反射

物体表面の細かい凹凸によって光があらゆる方向に反射する現象。物体がどの方向からも見えるのは，表面で光が乱反射するからである。

よく出る！

鏡にうつる像

鏡の中の像は，物体と対称な位置にあるように見える。

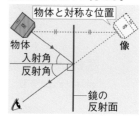

物体と対称な位置

物体　像

入射角

反射角

鏡の反射面

くわしく！

白色光

さまざまな色の光が混ざり合って白く見える光。太陽光などの白色光をプリズムに通すと，光が色ごとに分かれる。

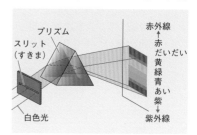

プリズム　赤外線

スリット（すきま）　赤　だいだい　黄　緑　青　あい　紫

白色光　紫外線

基礎力チェック問題

(1) 光が反射するときの入射角と反射角の大きさはどのような関係か。　[　　　　　]

(2) 光が異なる物質の境界面で折れ曲がって進む現象を何というか。　[　　　　　]

(3) 光が空気中から水中に進むとき，入射角と屈折角のどちらが大きいか。　[　　　　　]

(4) 光が水中から空気中に進むとき，入射角と屈折角のどちらが大きいか。　[　　　　　]

(5) 入射角がある大きさ以上のとき，光がすべて反射する現象を何というか。　[　　　　　]

(3) **凸レンズを通った光の進み方**

①**光軸に平行な光**…凸レンズで屈折して反対側の**焦点**を通る。

②**凸レンズの中心を通る光**…**直進**する。

③**凸レンズの焦点を通った光**…凸レンズで屈折して光軸に**平行**に進む。

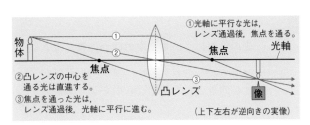

①光軸に平行な光は、レンズ通過後、焦点を通る。
②凸レンズの中心を通る光は直進する。
③焦点を通った光は、レンズ通過後、光軸に平行に進む。
（上下左右が逆向きの実像）

▲ 凸レンズを通る光と実像のでき方

重要！

(4) **実像**…光が集まってできる像。スクリーンにうつる。物体と**上下左右が逆向き**。

(5) **虚像**…光は集まらず，凸レンズを通して見える像。物体と**上下左右が同じ向き**。

物体の位置	像の位置	像の大きさ
焦点距離の2倍より遠い	焦点と焦点距離の2倍の間	物体より小さい実像
焦点距離の2倍	焦点距離の2倍	物体と同じ大きさの実像
焦点距離の2倍と焦点の間	焦点距離の2倍より遠い	物体より大きい実像
焦点上	像はできない	
焦点よりも凸レンズに近い	凸レンズを通して見える	物体より大きい虚像

▲ 物体の位置とできる像

音の性質

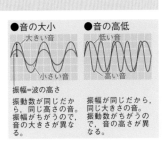

凸レンズを通して見える

▲ 虚像の作図

1 音の伝わり方

(1) **音の伝わり方**…物体の振動が空気を振動させ，**波**となって伝わる。

(2) **音の伝わる速さ**…空気中を約 340 m/s の速さで伝わる。

2 音の大きさと高さ

(1) **音の大きさ**…音源の**振幅**が大きいほど，音は**大きい**。

●**振幅**…音源の振動の**振れ幅**。
◉振動の中心からの幅

(2) **音の高さ**…音源の**振動数**が多いほど，音は**高い**。

●**振動数**…音源が1秒間に振動する回数。単位は**ヘルツ**(記号 Hz)。

●音の大小
大きい音
小さい音

●音の高低
低い音
高い音

振幅＝音の高さ

振動数が同じだから、同じ高さの音。振幅がちがうので、音の大きさが異なる。

振幅が同じだから、同じ大きさの音。振動数がちがうので、音の高さが異なる。

▲ コンピュータで見た音の波形
（横軸は時間を表している。）

くわしく！

弦と音の大きさ・高さ

弦を強くはじくほど，音は大きくなる。

弦が短いほど，弦が細いほど，弦を強く張るほど音は高くなる。

解答はページ下

(6) 物体が焦点の外側にあるとき，スクリーンにうつる像を何というか。 [　　　　　]

(7) 実像の大きさが物体と同じとき，物体は凸レンズのどのような位置にあるか。 [　　　　　]

(8) 物体が焦点の内側にあるとき，物体より [大きい　小さい] 虚像が見える。 [　　　　　]

(9) [振幅　振動数] が大きいほど，大きい音である。 [　　　　　]

(10) 振動数が多いほど，音は [低くなる　高くなる]。 [　　　　　]

高校入試実戦力アップテスト

PART 1

光と音

1　光の進み方

光の性質について，次の問いに答えなさい。〔兵庫県〕(10点×2)

(1) 右の図は，光がガラスから空気へ進む向きを表している。この進んだ
光の向きとして適切なものを**ア～エ**から1つ選べ。　　　　[　　　]

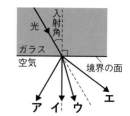

(2) (1)のように光が異なる物質どうしの境界に進むとき，境界の面で曲が
る現象を何というか。漢字で書け。　　　　[　　　]

2　凸レンズによる像

凸レンズによる像のでき方を調べる実験を行った。下の ▢▢▢ 内は，その実験の手順と結果である。次の問いに答えなさい。〔福岡県〕(10点×4)

【手順】　① 図1のような装置を準備し，焦点距離が10 cmの凸レンズ**A**を固定する。
　　② フィルターつき光源を動かし，**X**を変化させるごとに，スクリーン上に文字**F**の
　　　像がはっきりとできるように，スクリーンの位置を変える。
　　③ 像がはっきりとできたとき，**Y**を測定する。
　　④ 凸レンズの焦点距離がわからない凸レンズ**B**にとりかえ，②，③の操作を行う。

図1
フィルターつき光源
（透明のガラスに
Fと書いたもの）　凸レンズA　スクリーン

X（凸レンズAとフィルターとの距離）
Y（凸レンズAとスクリーンとの距離）

【結果】

凸レンズ**A**とフィルターとの距離(**X**)〔cm〕	35	30	25	20	15	10	5
凸レンズ**A**とスクリーンとの距離(**Y**)〔cm〕	14	15	17	20	30	はかれない	はかれない
凸レンズ**B**とフィルターとの距離(**X**)〔cm〕	35	30	25	20	15	10	5
凸レンズ**B**とスクリーンとの距離(**Y**)〔cm〕	26	30	38	60	はかれない	はかれない	はかれない

(1) スクリーン上に像がはっきりできたとき，光源側から見たスクリーン上の像の向きを示した図
として最も適切なものを下の**ア～エ**から選べ。　　　　[　　　]

ア　　　イ　　　ウ　　　エ　

(2) 次の ▢▢▢ 内は，実験結果を考察した内容の一部である。文中の〔　　〕にあてはまる内
容を，「焦点距離」という語句を用いて簡潔に書け。また，（　　）に，適切な数値を入れよ。

　　凸レンズによって像ができるとき，**X** が短くなると **Y** は長くなることがわかる。また，凸レンズ **B** を用いた実験で，**X** と **Y** が〔　　　　〕ことから，凸レンズ **B** の焦点距離は（　　　）cm であると考えられる。

内容〔　　　　　　　　　　　　　　　　　　　　　　　　　〕　数値〔　　　　　　　〕

(3) 図 2 は，凸レンズ **A** を用いた実験で，**X** を 30 cm にしたときの，フィルターつき光源，凸レンズ **A**，スクリーンの位置関係を示すモデル図である。**P** 点を出て，**Q** 点を通った光は，その後，スクリーンまでどのように進むか。その道すじを図 2 に――線で示せ。ただし，作図に必要な線は消さずに残しておくこと。

(アドバイス) ☞ **P** 点から出て凸レンズの中心を通る光は直進することに着目。

図 2
フィルターつき光源
凸レンズ **A**　スクリーン

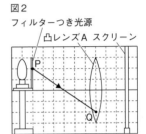

3　　　　　　　　　　　　　　音の伝わり方

たろうさんは，家から花火を見ていて，次の①，②のことに気づいた。このことについて，あとの問いに答えなさい。〔三重県〕(10点×4)

① 花火が開くときの光が見えてから，その花火が開くときの音が聞こえるまでに，少し時間がかかる。

② 花火が開くときの音が聞こえるたびに，家のガラス窓がゆれる。

(1) たろうさんが，家で，花火が開くときの光が見えてから，その花火が開くときの音が聞こえるまでの時間を，図のようにストップウォッチで計測した結果，3.5 秒であった。家から移動し，花火が開く場所に近づくと，その時間が 2 秒になった。このとき，花火が開く場所とたろうさんとの距離は何 m 短くなったか。ただし，音が空気中を伝わる速さは 340 m/s とする。〔　　　　　　　〕

(2) ①について，花火が開くときの光が見えてから，その花火が開くときの音が聞こえるまでに，少し時間がかかるのはなぜか。「光の速さ」という言葉を使って簡単に書け。

〔　　　　　　　　　　　　　　　　　　　　　　　　　　　　〕

(3) ②について，次の文は，たろうさんが，花火が開くときの音が聞こえるときの，家の窓ガラスがゆれる理由をまとめたものである。文中の（ X ），（ Y ）に入る最も適当な言葉は何か。

X〔　　　　　　　〕 Y〔　　　　　　　〕

　　音は，音源となる物体が（ X ）することによって生じる。音が伝わるのは，（ X ）が次々と伝わるためであり，このように（ X ）が次々と伝わる現象を（ Y ）という。花火が開くときの音で窓ガラスがゆれたのは，花火が開くときに空気が（ X ）し，（ Y ）として伝わったためである。

PART 2 | 力

力のはたらき

❶ 力のはたらきと表し方

(1) **力のはたらき**…①物体の形を変える。②物体の動き（速さや向き）を変える。③物体を支える。

(2) **いろいろな力**

①**ふれ合ってはたらく力**…垂直抗力，弾性力，摩擦力

②**離れていてもはたらく力**…重力，磁力，電気力

(3) **重力**…地球がその中心に向かって物体を引く力。地球上のすべての物体にはたらく。

重要! (4) **フックの法則**…ばねののびは，ばねに加えた力の大きさに比例する。

(5) **力の単位**…**ニュートン**（記号 **N**）。1 N は約 100 g の物体にはたらく重力の大きさ。

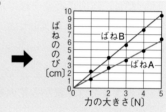

● 静電気など（→ p.21）

▲ 力の大きさとばねののびの関係

❷ 重さと質量

(1) **重さ**…物体にはたらく**重力の大きさ**。単位は**ニュートン**（記号 **N**）。**ばねばかり**ではかる。はかる場所によって変化する。

●重力の大きさが地球上の約6分の1である月面上では，物体の重さは地球上の約6分の1になる。

(2) **質量**…物体（物質）そのものの量。単位は**グラム**（記号 **g**），**キログラム**（記号 **kg**）。**上皿てんびん**ではかる。はかる場所が変わっても変化しない。

(3) 物体の重さは，同じ場所で測定したとき，物体の質量に比例する。

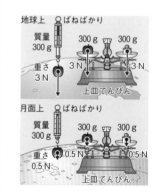

▲ 地球上と月面上での質量と重力

くわしく!

力のはたらき方

力がはたらいているときは，**必ず力を加える物体**とその**力を受ける物体**がある。

Q. 基礎力チェック問題

(1) 物体の形が変わったとき，物体には何がはたらいているか。 [　　　　　　　]

(2) 地球がその中心に向かって物体を引く力を何というか。 [　　　　　　　]

(3) ばねののびは，ばねに加えた力の大きさに比例することを何の法則というか。 [　　　　　　　]

(4) 1 N は約 [100 g　1000 g] の物体にはたらく重力の大きさと等しい。 [　　　　　　　]

(5) 地球上と月面上とで，変化しないのは [重さ　質量] である。 [　　　　　　　]

力の表し方

▶ 力の表し方

(1) **力の3要素**…力の大きさ，力の向き，**作用点**。

(2) **力の表し方**
　①力の大きさ…矢の長さ
　②力の向き…矢の向き
　③作用点……矢の根もと

重要！

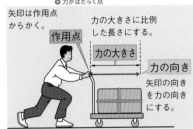
●力がはたらく点
矢印は作用点からかく。
作用点
力の大きさ
力の大きさに比例した長さにする。
力の向き
矢印の向きを力の向きにする。

力のつり合い

▶ 2力のつり合い

(1) **2力のつり合い**…1つの物体に2つの力がはたらいていても物体が動かないとき，2力は**つり合っている**という。

重要！

(2) **2力のつり合いの条件**
　①同一直線上ではたらく。
　②2力の大きさが等しい。
　③2力の向きが反対。

大きさが等しく，向きが反対
物体
物体は静止。 同一直線上
▲ 2力のつり合いの条件

(3) **2力のつり合いの例**

▲ 重力と垂直抗力

▲ 重力とばねの弾性力

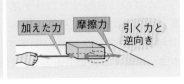
▲ 物体を引く力と摩擦力

くわしく！
力の大きさと矢の長さ
矢の長さは，力の大きさに比例させてかく。例えば1Nを1cmで表すとき，3Nは3cmで表す。

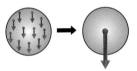
くわしく！
重力の表し方
重力を表す矢印は，物体の中心を作用点として1本の矢印でかく。

📖 用語
垂直抗力…物体が接した面から垂直に受ける力。
弾性力…変形した物体がもとの形にもどろうとして生じる力。
摩擦力…物体どうしがふれ合う面で，物体の運動をさまたげる向きにはたらく力。

解答はページ下

(6) 力がはたらく点を何というか。　[　　　]
(7) 力の3要素は，(6)と力の大きさ，力の（　　　）である。　[　　　]
(8) 力を矢印で表したとき，矢の長さは何を表しているか。　[　　　]
(9) つり合っている2力は，たがいにどのような向きか。　[　　　]
(10) 机の上に置いた本では，重力と机の面からの（　　　）がつり合っている。　[　　　]

13

PART **2**

力

---

1 物体にはたらく力

物体にはたらく力について，次の問いに答えなさい。（9点×4）

(1) 右の図のように，水平な床の上に物体**A**があり，その上に物体**B**がある。図の①～⑥の矢印は，物体や床にはたらく力を表している。これらのうち，物体**A**にはたらく力はどれか。最も適するものを次の**ア～エ**から選べ。ただし，同一直線上にはたらく力であっても，矢印が重ならないように示している。〔神奈川県〕　　　[　　　]

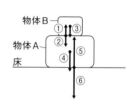

ア　②と③と⑤　　　**イ**　②と④と⑤

ウ　①と④と⑥　　　**エ**　③と④と⑤

(2) 右の図のように，物体**a**の上に質量50gの物体**b**を重ねて置いた。このとき，床が物体**a**を押す力の大きさが5Nであった。物体**a**の質量は何gか。ただし，100gの物体にはたらく重力の大きさを1Nとする。〔高知県〕

[　　　　　　　]

(3) 図1は600gの本を机の上に置いたとき，本と机それぞれにはたらく力を矢印**a**～**c**で模式的に表したものである。また，図2は，500gの辞書をこの本の上に重ねて置いたときのようすを表したものである。次の問いに答えなさい。ただし，100gの物体にはたらく重力の大きさを1Nとする。〔青森県・改〕

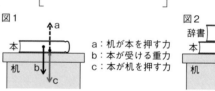

a：机が本を押す力
b：本が受ける重力
c：本が机を押す力

ミス注意

① 図1の**a**～**c**のうち，「2力のつり合い」の2力を選べ。　　[　　　　　　　]

② 図2のとき，「机が本を押す力」の大きさは何Nか。　　　[　　　　　　　]

---

2 ばねののびと力

図1のように，ばねにおもりをつり下げて，おもりの重さとばねののびの関係を調べた。図2はこの結果を，グラフに表したものである。次の問いに答えなさい。ただし，ばねの重さは考えない。〔鳥取県〕（9点×2）

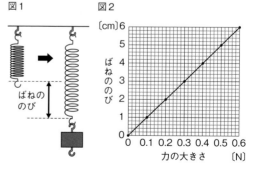

よく出る!
(1) 図2のように，ばねののびは，ばねを引く力の大きさに比例する。この法則を何というか。

[　　　　　　　]

(2) このばねに，重さ0.8Nのおもりをつり下げたとき，ばねののびは何cmになるか。

[　　　　　　　]

時間：	30 分	配点：	100 点	目標：	80 点
解答：	別冊 p.2	得点：	点		

3 ばねののびと力

ミス注意

右の表は，50 g のおもりを 1 個ずつふやしながら，ばねにつるしたときの，ばね A，ばね B ののびを測定した結果である。ばね A，ばね B ののびは，ばねを引く力に比例するものとする。次の問いに答えなさい。ただし，100 g の物体にはたらく重力の大きさを 1 N とする。必要なら，右の方眼紙におもりの個数とばねののびとの関係を表すグラフをかいてもよい。

おもりの数〔個〕	0	1	2	3	4	5
ばね A ののび〔cm〕	0	0.6	1.4	2.1	2.7	3.5
ばね B ののび〔cm〕	0	1.8	3.3	5.0	6.8	8.8

〔兵庫県〕(9点×2)

(1) ばね **B** ののびが 12 cm になるとき，ばねを引く力の大きさとして最も適切なものを**ア**～**エ**から選べ。［　　］

ア　3.0 N　　**イ**　3.5 N

ウ　4.0 N　　**エ**　4.5 N

アドバイス　☞ 方眼におもりの個数とばねののびの関係のグラフをかいて，除外する測定値を選ぶ。

(2) 2 つのばねをそれぞれ 5 N の力で引いた。このとき，ばね **A** ののびと，ばね **B** ののびの比として最も適切なものを**ア**～**エ**から選べ。［　　］

ア　1 : 3　　**イ**　2 : 5

ウ　3 : 1　　**エ**　5 : 2

4 力の表し方とつり合い

次の問いに答えなさい。((2)は10点，他9点×2)

(1) 力を表す 3 つの要素には，力の大きさ，力の向き，［　　］がある。［　　］にあてはまる語句を書け。〔北海道〕［　　　　］

(2) 質量 60 g で，縦 2 cm，横 4 cm，高さ 3 cm の直方体を机の上に置いた。この直方体にはたらく重力はどのように表されるか。右の図に矢印でかき入れよ。ただし，方眼の 1 目盛りは 0.1 N とし，100 g の物体にはたらく重力の大きさを 1 N とする。〔秋田県・改〕

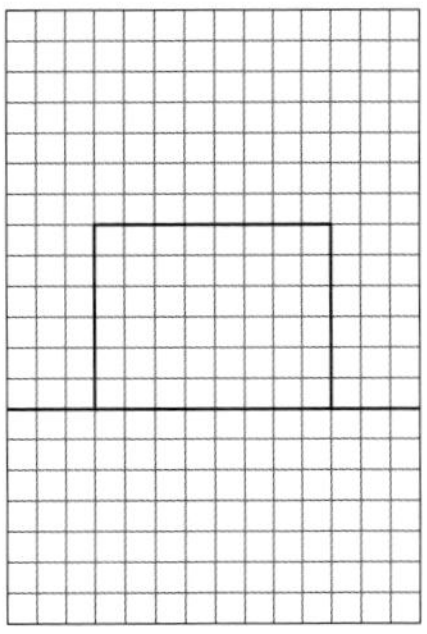

アドバイス　☞ 重力は物体の中心を始点とする，1 本の矢印で代表させる。

(3) 次の文は，力のつり合いについて述べたものである。文中の［　　］にあてはまる最も適当な言葉を書け。〔千葉県〕［　　　　］

2 つの力がつり合っているとき，2 つの力の大きさは［　　］，2 つの力の向きは反対で，2 つの力は一直線上にある。

PART 3 | 電流のはたらき

必ず出る！要点整理

回路と電流・電圧

❶ 回路

(1) **直列回路**…１本の道すじでつながっている回路。

(2) **並列回路**…枝分かれしている回路。

(3) **回路図**…回路を**電気用図記号**を使って表したもの。

(4) **電流**…電源の＋極から出て－極に流れこむ。
　●単位…**アンペア**（記号 **A**），ミリアンペア（記号 **mA**）
　◎ 1 A = 1000 mA

(5) **電圧**…電流を流すはたらき。
　●単位…**ボルト**（記号 **V**）

(6) **電流計・電圧計のつなぎ方**…回路のはかろうとする部分に，電流計は**直列**に，電圧計は**並列**につなぐ。

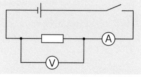

▲ 電気用図記号

▲ 電流計と電圧計のつなぎ方

❷ 回路と電流・電圧

【重要！】

(1) **直列回路の電流・電圧**…電流は回路のどの点も等しく，全体の電圧は**各部分の電圧の和**。

(2) **並列回路の電流・電圧**…全体の電流は**各部分の電流の和**に等しく，各部分の電圧は**電源の電圧**に等しい。

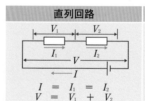

直列回路	並列回路
$I = I_1 = I_2$	$I = I_1 + I_2$
$V = V_1 + V_2$	$V = V_1 = V_2$

▲ 直列回路と並列回路の電流・電圧

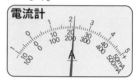

基礎力チェック問題

(1) 電流の道すじが枝分かれしている回路を何回路というか。　[　　　　　]

(2) 電気用図記号で ⊗ は何を表すか。　[　　　　　]

(3) 電流の単位，電圧の単位はそれぞれ何か。　[　　　，　　　]

(4) 回路に電流計は［直列　並列］に，電圧計は［直列　並列］につなぐ。　[　　　，　　　]

(5) 直列回路では，［電流　電圧］は回路のどこでも等しい。　[　　　　　]

オームの法則を必ず使いこなせるようにしておこう！

電圧と電流の関係

❶ 電熱線の電圧・電流

(1) **電圧と電流の関係**…比例関係。グラフは原点を通る直線。

(2) **電気抵抗（抵抗）**…電流の流れにくさ。単位は**オーム**（記号 Ω）。
   ● 金属など電流を通しやすい物質を導体、ガラスなど電流をほとんど通さない物質を絶縁体（不導体）という。

重要！

(3) **オームの法則**…電圧 V 〔V〕＝抵抗 R 〔Ω〕×電流 I 〔A〕

❷ 回路と抵抗の大きさ

(1) **直列回路の抵抗**…全体の抵抗 $R = R_1 + R_2$（各部分の抵抗の和）

(2) **並列回路の抵抗**…全体の抵抗は、**各部分の抵抗より小さい。**

電力・電力量，発熱量

❶ 電力・電力量

(1) **電力**…1秒間あたりに使われる電気エネルギーの大きさを表す量。
   ● 電気器具などの能力の大きさを表す。
   電力〔W〕＝電圧〔V〕×電流〔A〕
   ワット

(2) **電力量**…電気器具などで消費された電気エネルギーの全体の量。
   電力量〔J〕＝電力〔W〕×時間〔s〕
   ジュール

❷ 電流による発熱

(1) **熱量と水の上昇温度**…水1gの温度を1℃上昇させるのに必要な
   熱量は約4.2J。　**熱量〔J〕＝4.2×水の質量〔g〕×上昇温度〔℃〕**

(2) **電熱線の発熱量**…電力と電流を流した時間に比例する。
   電熱線の発熱量〔J〕＝電力〔W〕×時間〔s〕

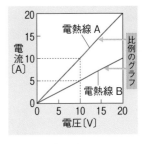

▲ **電圧と電流の関係**
グラフの傾きが大きい電熱線Aの抵抗はBより小さい。

くわしく！

オームの法則の式の変形

$$R = \frac{V}{I}, \quad I = \frac{V}{R}$$

くわしく！

並列回路の抵抗

全体の抵抗を R，各部分の抵抗を R_1，R_2 とすると、
$$\frac{1}{R} = \frac{1}{R_1} + \frac{1}{R_2}$$

くわしく！

電力量の単位

Jのほかに**ワット秒（Ws）**，**ワット時（Wh）**，**キロワット時（kWh）** が使われる。
1 J = 1 Ws
1 Wh = 1 W × 1 h
　　 = 1 W × 3600 s
　　 = 3600 J
1 kWh = 1000 Wh

解答はページ下 ✏

(6) 電流の流れにくさを表したものを何というか。　　　　　　　　［　　　　　　　　　］

(7) 電熱線に加わる電圧と流れる電流の大きさは、どのような関係か。　［　　　　　　　　　］

(8) 1秒間あたりに使われる電気エネルギーの大きさを表す量を何というか。　［　　　　　　　　　］

(9) 電気器具などが消費した電気エネルギーの全体の量を何というか。　［　　　　　　　　　］

(10) 電熱線の発熱量は、（　　　　　　）と（　　　　　　）に比例する。　［　　　，　　　］

電流のはたらき

1
計器と回路, 電力

図1は, 電熱線に電流を流したときの, 水の上昇温度を調べるための実験装置である。ただし, 電圧計や電流計をつないでいる導線は省略している。このとき, 電圧計と電流計は図2, 図3のようになっていた。次の問いに答えなさい。〔鹿児島県〕((1)は10点, 他9点×4)

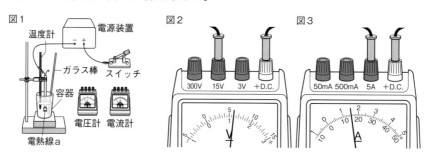

(1) この実験では, 電圧計や電流計をどのようにつないでいるか。右の電気用図記号を用いて, 図4の回路図を完成せよ。

電気用図記号	
電圧計	Ⓥ
電流計	Ⓐ

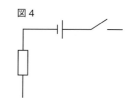

図4

(2) 電熱線aに加わる電圧は何Vか。
[   ]

(3) 電熱線aで5分間に消費された電力量は何Jか。[   ]

(4) 次に, 電気抵抗の大きさが電熱線aの2.0倍である電熱線bを電熱線aに並列につなぎ, スイッチを入れて5分間電流を流した。次の文の①, ②について正しいものはどれか。

①[   ] ②[   ]

電熱線bに流れた電流の大きさは, 電熱線aに流れた電流の大きさ①（**ア** より大きい **イ** より小さい **ウ** と等しい）。また, 電熱線bで消費された電力量は, 電熱線aで消費された電力量②（**ア** より大きい **イ** より小さい **ウ** と等しい）。

アドバイス ☞ 電流は抵抗に反比例する。

2
電流と電圧の関係, 電力

2つの抵抗器にかかる電圧と, 流れる電流の関係を調べるために, 次の実験を行った。あとの問いに答えなさい。ただし, 電流計と導線の電気抵抗は無視できるものとする。〔山形県〕(9点×4)

【実験】 図1のように, 電気抵抗の大きさが20Ωの抵抗器Aと, 30Ωの抵抗器Bを直列に接続し, 電圧計と電流計のそれぞれの示す値を読みとった。表はその結果である。

(1) 金属などのように電気抵抗が小さく電流が流れやすい物質を何というか。漢字2字で書け。

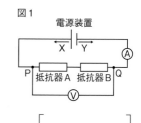

[   ]

(2) 次は電子の移動についてまとめたものである。 $\boxed{\text{a}}$ ， $\boxed{\text{b}}$ にあてはまるものの組み合わせとして適切なものを，あとの**ア～エ**から1つ選べ。　[　　　]

　図1の回路に電流が流れているとき， $\boxed{\text{a}}$ の電気をもった電子が，図1の $\boxed{\text{b}}$ の向きに移動している。

ア a…＋　b…X　　**イ** a…＋　b…Y

ウ a…－　b…X　　**エ** a…－　b…Y

電圧〔V〕	電流〔mA〕
0	0
1.0	20
2.0	40
3.0	60
4.0	80
5.0	100

図2

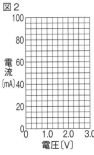

(3) 電圧計の示す値を0Vから5.0Vまで変化させたとき，抵抗器**A**にかかる電圧と流れる電流の関係を表すグラフを図2にかけ。

(4) 図1の**PQ**間の抵抗器**A**，**B**をとりはずし，抵抗器**A**，**B**を並列につなぎかえて再び**PQ**間に接続した。電圧計の示す値が6.0Vのとき，抵抗器**B**で消費される電力は何Wか。　[　　　]

（アドバイス）☞ 抵抗器**B**には6.0Vの電圧が加わる。

3 　　　　　　　　　　　電流による発熱

抵抗の値がわからない電熱線Aと電熱線Bを用意し，それぞれの電熱線について図に示すような回路をつくった。それぞれの回路に等しい大きさの電圧を一定時間加えて電流を流し，水の温度変化を調べたところ，表のような結果になった。次の問いに答えなさい。〔茨城県〕(9点×2)

電熱線の種類	電熱線A	電熱線B
水の上昇温度〔℃〕	1.5	3.0

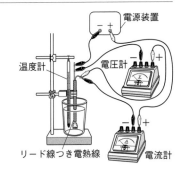

(1) 次の文中の $\boxed{\text{あ}}$ ， $\boxed{\text{い}}$ にあてはまる語の組み合わせとして正しいものを**ア～エ**から選べ。　[　　　]

> 　電熱線**A**を用いた回路の方が，電熱線**B**を用いた回路よりも水の上昇温度が小さいことから，電熱線**A**を流れる電流の大きさは，電熱線**B**を流れる電流の大きさよりも $\boxed{\text{あ}}$ ことがわかる。したがって，電熱線**A**の抵抗の大きさは電熱線**B**の抵抗の大きさよりも $\boxed{\text{い}}$ 。

	あ	い
ア	大きい	大きい
イ	大きい	小さい
ウ	小さい	大きい
エ	小さい	小さい

(2) 電力と発熱量の説明として正しいものを**ア～エ**からすべて選べ。　[　　　]

　ア 1Wは，100Vの電圧を加え1Aの電流を流したときに使われる電力である。

　イ 1Wは，1Vの電圧を加え1Aの電流を流したときに使われる電力である。

　ウ 1Wの電力で，電流を1秒間流したときの発熱量は1Jである。

　エ 1Wの電力で，電流を1分間流したときの発熱量は1Jである。

電流と磁界

必ず出る！要点整理

電流と磁界，電磁誘導

① 電流と磁界

(1) **磁界**…磁力のはたらく空間。
  ●磁場ともいう。

(2) **磁界の向き**…磁針の N 極が指す向き。

(3) **電流が磁界から受ける力**…電流を大きくしたり，磁界を強くしたりすると，受ける力は大きくなる。

【重要！】

  ●**力の向きの変化**…**電流の向き**か**磁界の向き**のどちらかを逆にすると，力の向きは逆になる。

(4) **モーター**…電流が磁界から受ける力を利用し，**コイルが連続して回転する**。

② 電磁誘導

【重要！】

(1) **電磁誘導**…コイルの中の**磁界が変化する**と，コイルに**電圧が生じる**現象。

(2) **誘導電流**…電磁誘導で流れる電流。

  ①**誘導電流の向き**…**磁石の極**や**動かす向き**を変えると，電流の向きが逆になる。

  ②**誘導電流の大きさ**…磁界の**変化が速い**ほど，磁石の**磁界が強い**ほど，コイルの**巻数が多い**ほど大きくなる。
  ●磁石やコイルを速く動かす。

(3) **発電機**…電磁誘導を利用した，電流を連続して得られる装置。

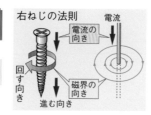

右ねじの法則 電流
電流の向き
回す向き
進む向き
磁界の向き

▲ 導線のまわりの磁界

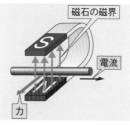

磁石の磁界
電流
力

▲ 電流が磁界から受ける力の向き
力の向きは，電流の向きと磁界の向きの両方に垂直。

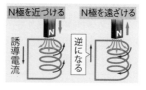

N極を近づける　N極を遠ざける
誘導電流
逆になる

▲ 誘導電流の向き

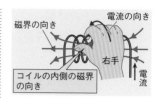

磁界の向き　電流の向き
コイルの内側の磁界の向き
右手
電流

▲ コイルのまわりの磁界

（発展）

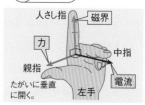

人さし指　磁界
力　中指
親指　電流
たがいに垂直に開く。　左手

▲ 電流が磁界から受ける力の向きの求め方

くわしく！

モーターのしくみ

半回転ごとにコイルに流れる電流の向きが逆になり，同じ向きに力を受けて連続回転する。

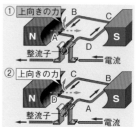

①上向きの力　B　C
N　A　S
整流子　D　電流

②上向きの力　C
N　D　S
整流子　A　B　電流

① AB に上向きの力がはたらいて回転する。
②回転してきた DC に上向きの力がはたらいて回転を続ける。

基礎力チェック問題

(1) 磁界の向きは，磁界の中においた磁針の［S極　N極］の指す向きである。　　　［　　　　　］

(2) 右ねじの進む向きが電流の向きのとき，ねじを回す向きは何の向きか。　　　　［　　　　　］

(3) 電流が磁界から受ける力の向きは，磁石の磁界の向きと何の向きで決まるか。［　　　　　］

(4) コイルの中の磁界が変化して，コイルに電圧が生じる現象を何というか。　　　［　　　　　］

(5) (4)によって，コイルに流れる電流を何というか。　　　　　　　　　　　　　　［　　　　　］

(4) **直流**…一定の向きに流れる電流。乾電池による電流。

(5) **交流**…向きと大きさが**周期的に変化する**電流。家庭に供給される。
    ❶1秒間に変化する回数を周波数という。単位はヘルツ（記号 Hz）。

静電気と電流

❶ 静電気

(1) **静電気**…異なる種類の物質を摩擦したときに帯びる。＋と－の電気があり，物体間で**－の電気（電子）が移動する**ために生じる。

①**－の電気を失った物体** →＋の電気を帯びる。

－の電気をもらった物体→－の電気を帯びる。

②**同種の電気はしりぞけ合い，異種の電気は引き合う。**
    ❶＋と＋，－と－　　❶＋と－

(2) **放電**…電気が空間を移動する現象。

❷ 真空放電，電流の正体

(1) **真空放電**…**気圧**を低くした空間に電流が流れる現象。
    ❶ p.100

(2) **陰極線**…真空放電管内を**－極から＋極へ**向かう**電子の流れ**。
    ❶ 電子線ともいう。

重要！　◉**陰極線の性質**…**直進**する。**－の電気**をもつ。**磁石で曲がる**。

(3) **電子**…－の電気をもつ非常に小さい粒子。

(4) **電流の正体**…電源の**－極から＋極へ**移動する**電子の流れ**。

◉電子の移動する向きは，**電流の向きとは逆**である。
    ❶＋極から－極

❸ 放射線

(1) **放射線**…**α線，β線，γ線，X線**などがある。

(2) **放射性物質**…放射線を出す物質。**ウラン，ラジウム**など。

(3) **放射線の性質**…①目に**見えない**。②物質を**透過**する。③物質を変質させる。

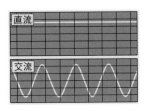

▲ コンピュータで見た直流と交流の波形

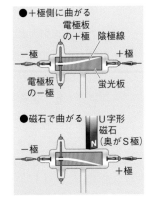

▲ 陰極線の性質

📖 用語

放射能

物質が放射線を出す性質（能力）のこと。

解答はページ下

(6) 向きと大きさが周期的に変化する電流は，［直流　交流］である。　　［　　　　　］

(7) 静電気は，物体間で［－の電気　＋の電気］が移動するために生じる。　［　　　　　］

(8) 気圧を低くした空間を，電流が流れる現象を何というか。　　　　　　　［　　　　　］

(9) 真空放電管内を－極から＋極へ向かう電子の流れを何というか。　　　　［　　　　　］

(10) 電流は何という粒子の流れか。　　　　　　　　　　　　　　　　　　　［　　　　　］

A。 (1) N極 (2) 磁界の向き (3) 電流の向き (4) 電磁誘導 (5) 誘導電流 (6) 交流 (7) －の電気 (8) 真空放電 (9) 陰極線（電子線） (10) 電子

21

PART **4**

でんりゅう じかい
電流と磁界

---

1 電流のまわりの磁界

右の図のように，N極が黒くぬられた２つの方位磁針を置き，まっすぐな導線に電流を流したところ，２つの方位磁針のN極は図のような向きをさした。このとき，導線に流れている電流の向きを

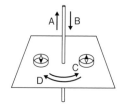

	導線に流れている電流の向き	導線のまわりの磁界の向き
ア	A	C
イ	A	D
ウ	B	C
エ	B	D

A，Bから１つ，導線のまわりの磁界の向きをC，Dから１つ選び，組み合わせたものとして適切なのは，表のア～エのうちではどれか。〔17 東京都〕(10点)

[   ]

---

2 コイルがつくる磁界

かいろ
コイルを厚紙の中央にさしこんでとめた装置を用いて回路をつくった。次に，スイッチを入れて回路に電流を流した。次の問いに答えなさい。〔香川県・改〕(10点×3)

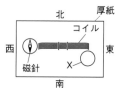

(1) スイッチを入れたとき，装置を真上から観察すると，右の図のように，磁針のN極は南を指した。次に，図中の磁針を動かしてXの位置に置くと，磁針はどうなると考えられるか。右の**ア～エ**から選べ。

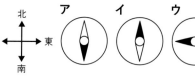

[   ]

(2) コイルのつくる磁界をこの実験より強くするためにはどうすればよいか。２つ書け。

[   ]

[   ]

---

3 モーターの回転

U字形磁石の中にコイルを配置してモーターをつくった。次の問いに答えなさい。〔富山県〕(10点×2)

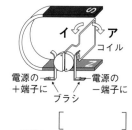

(1) 図のように，ブラシの一方を電源の＋端子に，他方を－端子に接続したところ，コイルが**ア**の向きに回転した。図の状態からブラシと電源の接続方法は変えずに，磁石の磁界の向きだけを逆にした場合，コイルの回転の向きは**ア**，**イ**のどちらになるか。

[   ]

でんあつ
(2) ブラシから電源をはずし，指でコイルを回転させると２つのブラシの間に電圧が生じる。この理由を「コイル内部」ということばを使って簡単に書け。

[   ]

4 電流をとり出す装置

よく出る！

次の問いに答えなさい。（10点×2）

(1) 右の図のように，コイルに棒磁石を出したり入れたりすることで，コイルに電流が流れる。この現象を何というか。〔千葉県〕

[   ]

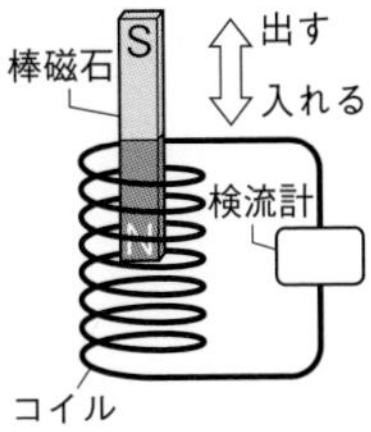

棒磁石 S 出す・入れる

検流計

コイル

(2) 右の図のようにコイルに検流計をつなぎ，棒磁石のN極を真上からコイルの中心に近づけると検流計の針が右に振れた。同じ装置で行った次の動作のうち，検流計の針が図と同様に右に振れるものはどれか。**ア～オ**から1つ選べ。〔島根県〕

[   ]

棒磁石 N

検流計

ア
N極をコイルの中に入れたままにする 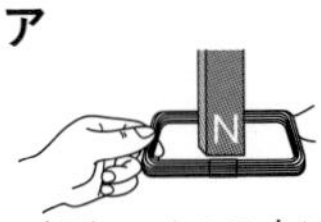

イ 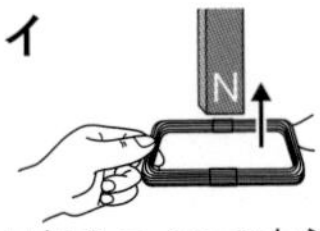
N極をコイルの中心から遠ざける

ウ
S極をコイルの中心に近づける

エ
S極をコイルの中に入れたままにする

オ 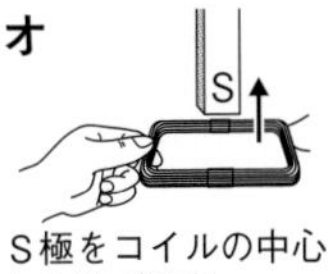
S極をコイルの中心から遠ざける

(アドバイス) ☞ コイル内の磁界の変化が同じ場合，電流の向きは同じになる。

5 摩擦で生じる電気

図1のように2本のプラスチックのストローA，Bをティッシュペーパーでよくこすり，図2のように，ストローAを竹ぐしにかぶせ，ストローBを近づけると，2本のストローはしりぞけ合った。次の問いに答えなさい。〔山口県〕（10点×2）

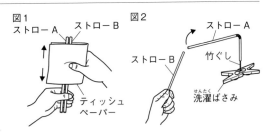

図1
ストローA ストローB
ティッシュペーパー

図2
ストローA
竹ぐし
ストローB
洗濯ばさみ

(1) プラスチックと紙のように異なる種類の物質を，たがいにこすり合わせるときに発生する電気を何というか。

[   ]

(2) 図3のように，竹ぐしにかぶせたストロー**A**に，ストロー**A**をこすったティッシュペーパーを近づけた。このとき起きる現象を説明したものになるように，（　　）内のa～dの語句について，正しい組み合わせを，下の**ア～エ**から選べ。

[   ]

図3
ストローA
ティッシュペーパー

> 竹ぐしにかぶせたストロー**A**と，ストロー**A**をこすったティッシュペーパーは，（a　同じ種類　b　異なる種類）の電気を帯びているため，たがいに（c　引き合う　d　しりぞけ合う）。

ア aとc **イ** aとd **ウ** bとc **エ** bとd

PART 5 力の合成と分解, 物体の運動

必ず出る！要点整理

力の合成・分解

❶ 力の合成と分解

重要！

(1) **力の合成**…2力を2辺とする**平行四辺形**を作図。**合力**は平行四辺形の**対角線**。

(2) **力の分解**…分解する力を対角線とする**平行四辺形**を作図。**分力**は平行四辺形の**2辺**。

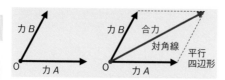

▲ 2力の合成

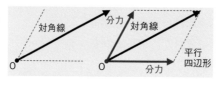

▲ 2力の分解

❷ 作用と反作用

(1) **作用・反作用の法則**…物体Aが物体Bに力を加える（作用）と，物体Aは物体Bから力を受ける（反作用）。

(2) **2力の関係**… **2つの物体間**ではたらく。
● 2力のつり合いでは、1つの物体にはたらく力であることに注意。
①同一直線上ではたらく。②2力の大きさが等しい。③2力の向きが反対。

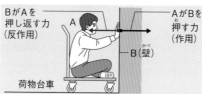

▲ 作用と反作用

水圧と浮力

▶ 水圧と浮力

(1) **水圧**…水の重さによって生じる圧力。
● 圧力は単位面積あたりの面を垂直に押す力。(→ p.100)
①水の深さに**比例する**。
②水圧は**あらゆる向き**からはたらき，面に垂直にはたらく。

(2) **浮力**…物体が水中で受ける上向きの力。
①物体の水中にある部分の体積が大きいほど浮力は大きい。
②**浮力〔N〕＝空気中での重さ〔N〕−水中での重さ〔N〕**

▲ **浮力が生じるわけ** 物体の上面と下面にはたらく水圧の大きさの差によって生じる力が浮力となる。

くわしく！

一直線上にある2力の合成

①2力の間の角度が0°のとき，2力の合力は2力の和。合力の向きは2力と同じ向き。

②2力の間の角度が180°のとき，2力の合力は2力の差。合力の向きは大きい方の力と同じ向き。

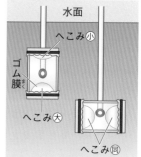

▲ 水圧のはたらき方

くわしく！

重力と浮力

下図のように，物体が水面で静止しているとき，物体にはたらく重力と浮力が等しい。水中の物体にはたらく**浮力よりも重力の方が大きいとき**は，物体は**沈む**。

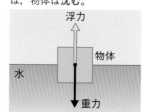

POINT ☞ 力の合成と分解の作図，速さの計算，水圧と浮力のはたらき方をおさえておこう！

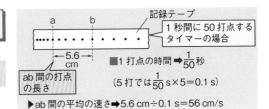

記録テープ
1秒間に50打点するタイマーの場合

■1打点の時間 ➡ $\frac{1}{50}$ 秒

（5打では $\frac{1}{50}$ s×5＝0.1 s）

▶ab 間の平均の速さ➡5.6 cm÷0.1 s＝56 cm/s

▲ 記録タイマーのテープから速さを求める

物体の運動

❶ 速さが変化する運動

（1）<u>速さ</u>…単位時間に移動する距離。
　❍ 単位は m/s, cm/s, km/h など

〔重要！〕

$$速さ〔m/s〕＝\frac{物体が移動した距離〔m〕}{移動するのにかかった時間〔s〕}$$

（2）斜面を下る物体の運動…物体の重力の斜面に平行な分力がはたらく。
①速さは時間に比例する。
②斜面の角度が大きくなるほど，速さのふえ方が大きい。

▲ 斜面を下る物体の運動

（3）自由落下…斜面の角度が90°のときの運動。物体の運動の向きに重力がはたらき，速さのふえ方が最も大きい。

❷ 等速直線運動

（1）等速直線運動…一定の速さで一直線上を進む運動。運動の方向に力がはたらいていない。
　❍ または力がつり合っている。

（2）慣性…物体がその運動の状態を続けようとする性質。

〔重要！〕

（3）慣性の法則　運動している物体→等速直線運動を続ける。
　❍ 物体に力がはたらいていないとき，または力がつり合っているとき
静止している物体→静止を続ける。

📖 用語

平均の速さ…ある区間を一定の速さで移動したとして求めた速さ。
瞬間の速さ…ごく短い時間に移動した距離から求めた速さ。

くわしく！

速さが小さくなる運動

運動の向きとは反対向きに力がはたらき続けると，速さがしだいに小さくなる。

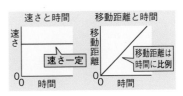

▲ 等速直線運動での速さと移動距離

Q 基礎力チェック問題

解答はページ下

（1）一直線上にない2力の合力は，2力を2辺とする（　　　）の対角線になる。　　［　　　　　］

（2）水圧は，水の深さが深くなるほど［小さくなる　大きくなる］。　　［　　　　　］

（3）水中の物体にはたらく上向きの力を何というか。　　［　　　　　］

（4）物体を押したとき（作用），物体から押し返される力を何というか。　　［　　　　　］

（5）物体が単位時間に移動する距離を何というか。　　［　　　　　］

（6）斜面を下る台車の［移動距離　速さ］は時間に比例する。　　［　　　　　］

（7）一定の速さで一直線上を進む運動を何というか。　　［　　　　　］

（8）物体がその運動の状態を続けようとする性質を何というか。　　［　　　　　］

PART 5 力の合成と分解, 物体の運動

1　力のつり合いと分解

右の図のように, 質量 1.0 kg のおもりを糸1と糸2で天井からつるした。図中の矢印は, おもりにはたらく重力を表している。糸1と糸2が, 糸3を引く力を, 矢印を使ってすべてかき入れなさい。ただし, 糸の質量は考えないものとし, 矢印は定規を用いてかくものとする。なお, 必要に応じてコンパスを用いてもかまわない。

〔埼玉県〕(10点)

アドバイス ☞ おもりにはたらく重力とつり合う力を, 糸1と糸2で支えている。

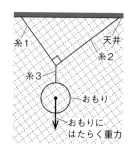

2　水圧と浮力

浮力に関する実験を行った。次の問いに答えなさい。〔香川県〕(10点×2)

下の図1のように, 高さ 4.0 cm の円柱のおもりを, ばねばかりにつるすと 1.1 N を示した。次に, おもりをばねばかりにつるしたまま, 図2のように, おもりの底を水を入れたビーカーの水面につけた。さらに, ばねばかりを下げながら, 水面からおもりの底までの距離が 4.0 cm になるところまでゆっくりとおもりを沈めた。図3は, 水面からおもりの底までの距離と, ばねばかりの示す値の関係をグラフに表したものである。

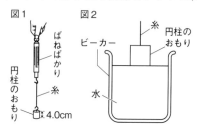
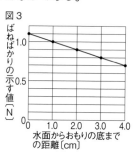
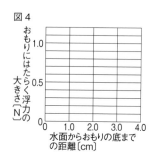

(1) 実験の結果から考えて, 水面からおもりの底までの距離と, おもりにはたらく浮力の大きさとの関係を, 図4にグラフで表せ。

(2) 実験で用いられたおもりを, 水面からおもりの底までの距離が 7.0 cm になるところまで沈めたとき, おもりにはたらく水圧を模式的に表すとどうなるか。右のア～エから1つ選べ。

[　　]

3　速さといろいろな力

次の問いに答えなさい。(10点×5)

よく出る！ (1) 物体が一直線上を一定の速さで動く運動を何というか。〔北海道〕

[　　　　　　]

(2) 午前8時30分にA駅を出発した新幹線が，同じ日の午前8時42分にB駅に到着した。この新幹線の平均の速さが150 km/h のとき，A駅からB駅までの移動距離は何 km か。〔北海道〕

[　　　　　　]

(3) 記録タイマーに通したテープを台車につけ，台車の運動を調べたところ，テープには図のような打点が記録された。打点Pが打たれてから打点Qが打たれるまでの台車の運動について，次の問いに答えなさい。

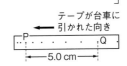

ただし，1秒間に60回打点する記録タイマーを使った。〔佐賀県〕

① この台車の運動のようすとして最も適当なものを次のア～エから1つ選べ。

[　　　　]

ア しだいに速くなった。

イ 一定の速さであった。

ウ しだいに遅くなった。

エ 途中まで速くなり，そのあと遅くなった。

② この間の台車の平均の速さは何 cm/s か。

[　　　　　　]

(4) 速さが一定の割合で増加しながら斜面上を下る物体がある。この物体にはたらいている運動の向きと同じ向きの力の大きさについて述べたものを次から選べ。〔鹿児島県〕

ア しだいに大きくなる。　　イ しだいに小さくなる。　　ウ 変わらない。

[　　　　]

---

4 斜面を下る物体の運動

図1のように，台車をなめらかな斜面上に置いて，手で止めておいた。手をはなすと台車は斜面上を運動した。このときの台車の運動のようすを，1秒間に50打点する記録タイマーでテープに記録した。図2は，その一部を時間の経過順に5打点ごとに切って紙にはりつけたものである。また，表は，手をはなしてから経過した時間と，手をはなした位置からの移動距離をまとめたものである。次の問いに答えなさい。〔青森県〕(10点×2)

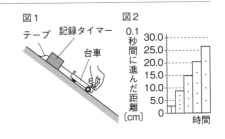

経過した時間〔秒〕	0	0.1	0.2	0.3	0.4	0.5
移動距離〔cm〕	0	2.9	11.7	26.4	46.9	73.3

(1) 図3は，台車が斜面上を運動しているときのようすを方眼紙にうつしたものである。矢印は台車にはたらく重力を示している。台車にはたらく重力を，斜面に沿った方向の分力と斜面に垂直な方向の分力に分解し，それぞれの力を表す矢印を図にかき入れよ。

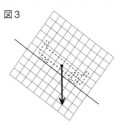

図3

(2) 表をもとにすると，経過した時間が0.4秒から0.5秒の間の台車の平均の速さは，0.1秒から0.2秒の間の台車の平均の速さの何倍になると考えられるか。

[　　　　　　]

PART 6 エネルギーと仕事

必ず出る！要点整理

力学的エネルギー

❶ エネルギー

(1) **エネルギー**…ほかの物体を動かしたり，変形させたりできる能力。
　●**単位**…ジュール（記号 **J**）

(2) 位置（いち）**エネルギー**…高いところにある物体がもつエネルギー。

重要！
　①物体の**質量**に比例。
　②基準面からの**高さ**に比例。

(3) 運動（うんどう）**エネルギー**…運動している物体がもつエネルギー。

重要！
　①物体の**質量**に比例。
　②速さが**速い**ほど大きい。

❷ 力学的エネルギーの保存

(1) **力学的エネルギー**…**位置エネルギー**と**運動エネルギー**の和。

(2) **力学的エネルギーの保存**…位置
　❍ 力学的エネルギー保存の法則ともいう。
　エネルギーと運動エネルギーは移り変わるが，その和は常に一定である。
　❍ 摩擦や空気の抵抗などを考えない場合に成り立つ。

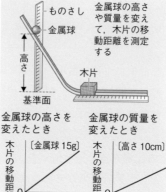

金属球の高さや質量を変えて，木片の移動距離を測定する

金属球の高さを変えたとき〔金属球 15g〕

木片の移動距離〔cm〕／金属球の高さ〔cm〕

金属球の質量を変えたとき〔高さ 10cm〕

木片の移動距離〔cm〕／金属球の質量〔g〕

▲ 位置エネルギーの大きさと高さ・質量の関係を調べる実験

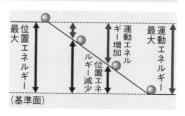

▲ 力学的エネルギーの移り変わり

くわしく！

エネルギーの大きさの求め方

エネルギーの大きさは，ほかの物体にした仕事の大きさから求める。

発展

物体の速さと運動エネルギー

運動エネルギーの大きさは，物体の速さの2乗に比例する。

よく出る！

振り子の運動と力学的エネルギーの移り変わり

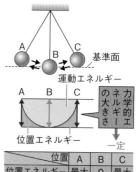

位置	A	B	C
位置エネルギー	最大	0	最大
運動エネルギー	0	最大	0

基礎力チェック問題

(1) 高いところにある物体のもつエネルギーを何というか。［　　　　　　　］

(2) (1)のエネルギーは，基準面からの高さと何に比例するか。［　　　　　　　］

(3) 運動する物体がもつエネルギーを何というか。［　　　　　　　］

(4) (3)のエネルギーは質量とどのような関係があるか。［　　　　　　　］

(5) 位置エネルギーと運動エネルギーの和が常に一定に保たれることを何というか。［　　　　　　　］

POINT ☞ **力学的エネルギーの移り変わりや仕事・仕事率をつかもう!**

仕事と仕事率

❶ 仕事

(1) 物体に力を加えて動かしたとき，その物体に**仕事**をしたという。

重要! **仕事〔J〕＝力の大きさ〔N〕×力の向きに動いた距離〔m〕**

(2) **物体を引き上げる仕事**…物体にはたらく重力に逆らってする仕事。物体を引き上げる力の大きさは**物体にはたらく重力の大きさ**に等しい。

仕事〔J〕＝物体にはたらく重力の大きさ〔N〕×引き上げる距離〔m〕

(3) **床の上で物体を動かす仕事**…物体と床の面の間にはたらく**摩擦力**に逆らってする仕事。物体を引く力の大きさは摩擦力の大きさに等しい。

仕事〔J〕＝摩擦力〔N〕×力の向きに動いた距離〔m〕

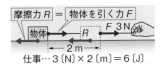

摩擦力 R ＝ 物体を引く力 F
仕事…3〔N〕×2〔m〕＝6〔J〕

▲ 物体を床の上で引く仕事

❷ 仕事率

(1) **仕事の原理**…道具を使って仕事をしても，直接手で仕事をしても，**仕事の大きさは変わらない**。

(2) **仕事率**…単位時間あたりにする仕事。
●1秒間
●単位は**ワット**（記号 **W**）
●またはジュール毎秒（記号 J/s），1W =1J/s

重要!

$$仕事率〔W〕＝\frac{仕事〔J〕}{仕事にかかった時間〔s〕}$$

注意

仕事が 0 の場合

物体に力を加えても，力の向きに動かなければ仕事は 0 である。

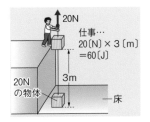

20N

仕事…
20〔N〕× 3〔m〕
＝60〔J〕

20N
の物体

3m

床

▲ 物体を引き上げる仕事

くわしく!

動滑車を使ったときの仕事

動滑車を 1 個使うと，ひもを引く力は 2 分の 1 になり，ひもを引く距離は 2 倍になる。

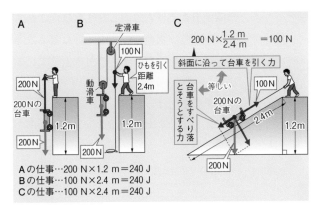

Aの仕事…200 N×1.2 m＝240 J
Bの仕事…100 N×2.4 m＝240 J
Cの仕事…100 N×2.4 m＝240 J

▲ 仕事の原理

解答はページ下

(6) 物体に力を加えて力の向きに動かしたとき，物体に何をしたというか。　　　　　　　　[　　　　　　　　]

(7) 50 N の物体を真上に 3 m 持ち上げた。物体にした仕事は何 J か。　　　　　　　　[　　　　　　　　]

(8) 床の上で物体を引いたときの仕事は〔摩擦力　重力〕に逆らってする仕事である。　　[　　　　　　　　]

(9) 道具を使った仕事は，直接手でした仕事と変わらないことを何というか。　　　　　[　　　　　　　　]

(10) 単位時間あたりにする仕事を何というか。　　　　　　　　[　　　　　　　　]

PART
⑥

エネルギーと仕事

1
仕事と仕事率

物体を引き上げる仕事について調べるため，水平な床の上に置いた装置を用いて次の実験1，2を行った。この実験に関して，下の問いに答えなさい。ただし，質量100gの物体にはたらく重力を1Nとし，ひもと動滑車の間には摩擦力ははたらかないものとする。また，動滑車，およびひもの質量は無視できるものとする。 〔新潟県〕(10点×5)

> 実験1　図1のように，フックのついた質量600gの物体をばねばかりにつるし，物体が床から40cm引き上がるまで，ばねばかりを10cm/sの一定の速さで真上に引き上げた。
>
> 実験2　図2のように，フックのついた質量600gの物体を動滑車につるし，物体が床から40cm引き上がるまで，ばねばかりを10cm/sの一定の速さで真上に引き上げた。

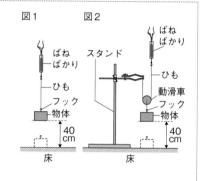

図1　図2

(1) 実験1について，次の①，②の問いに答えなさい。

① ばねばかりを一定の速さで引き上げているとき，ばねばかりの示す値は何Nか。

[　　　　　　]

よく出る！

② 物体を引き上げる力がした仕事は何Jか。 [　　　　　　]

(2) 実験2について，次の①，②の問いに答えなさい。

ミス注意

① ばねばかりを一定の速さで引き上げているとき，ばねばかりの示す値は何Nか。

[　　　　　　]

② 物体を引き上げる力がした仕事の仕事率は何Wか。 [　　　　　　]

(3) 物体を引き上げる実験1，2における仕事の原理について，「動滑車」という語句を用いて書け。

[　　　　　　　　　　　　　　　　　　　　　　　　　　　　]

2
振り子の運動とエネルギー

金属球の振り子とエネルギーとの関係を調べるために，次の実験を行った。あとの問いに答えなさい。 〔山梨県〕(10点×2)

〔実験〕 ① 図1のように，のび縮みしない糸の端を天井のO点に固定し，もう一方の端を金属球につけ，糸がたるまないようにAの位置まで持ち上げて静止させた。その後，静かに手をはなし，金属球が点Oの真下で最も低いBの位置を通過し，Cの位置まで運動したようすをストロボスコープを用いて撮影した。図1は撮影した写真をもとに金属球の運動のようすを模式的に表したものである。

図1

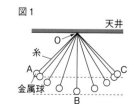

② 図2のように，点Oの真下にある点Pの位置にくぎをうち，金属球がBの位置を通過するときに，糸がくぎにかかるようにした。次に，〔実験〕の①と同様に，金属球をAの位置に静止させ，静かに手をはなしたあとの金属球の運動のようすを調べた。

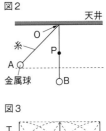
図2

(1) 〔実験〕の①において，金属球の位置がAからCに変わるときの金属球のもつ位置エネルギーの変化は，図3の破線（- - - -）のように表すことができる。このとき，金属球のもつ運動エネルギーの変化はどのように表すことができるか。図3の点線を利用して，実線（———）でかき入れよ。

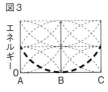
図3

👁 (2) 〔実験〕の②において，糸が点Pのくぎにかかったあと，金属球はどの位置まで上がると考えられるか。図4のア〜エから1つ選べ。

[   ]

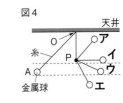
図4

アドバイス ☞ 力学的エネルギーは保存される。

3　位置エネルギー

図1のように，水平な台の上にレールをスタンドで固定し，質量20gと40gの小球を高さ5cm，10cm，15cm，20cmの位置からそれぞれ静かにはなし，木片に衝突させ，木片の移動距離を調べる実験を行った。表は，その結果をまとめたものである。ただし，小球は点Xをなめらかに通過したあと，点Xから木片に衝突するまでレール上を水平に移動するものとし，小球とレールとの摩擦や空気の抵抗は考えないものとする。また，小球のもつエネルギーは木片に衝突後，すべて木片を動かす仕事に使われるものとする。次の問いに答えなさい。〔鹿児島県〕(10点×3)

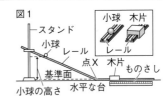
図1

小球の高さ〔cm〕		5	10	15	20
木片の移動距離〔cm〕	質量20gの小球	2.0	4.0	6.0	8.0
	質量40gの小球	4.0	8.0	12.0	16.0

(1) 質量20gの小球を，基準面から高さ10cmまで一定の速さで持ち上げるのに加えた力がした仕事は何Jか。ただし，質量100gの物体にはたらく重力の大きさを1Nとする。[   ]

(2) 図1の装置で，質量25gの小球を用いて木片の移動距離を6.0cmにするには，小球を高さ何cmの位置から静かにはなせばよいか。[   ]

(3) 図2のように，点Xの位置は固定したままレールの傾きを図1より大きくし，質量20gの小球を高さ20cmの位置から静かにはなし，木片に衝突させた。図1の装置で質量20gの小球を高さ20cmの位置から静かにはなしたときと比べて，木片の移動距離はどうなるか。理由もふくめて書け。[

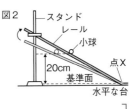
図2

TEST

PART 7 物質の性質と状態変化

必ず出る！要点整理

物質の区別

❶ いろいろな物質

(1) **有機物**…炭素をふくむ物質。熱すると黒くこげて炭になり，燃えて**二酸化炭素**と**水**が発生する。囲 砂糖，デンプンなど。
▶水素をふくむ場合に発生。
●二酸化炭素によって，**石灰水が白くにごる**。

(2) **無機物**…有機物以外の物質。**炭素をふくまない。**
▶炭素，一酸化炭素，二酸化炭素は無機物とする。
囲 食塩，ガラス，金属，水，酸素など。

(3) **金属**…次の①〜④の性質をもつ。磁石につく性質は，鉄など一部の金属の性質。囲 鉄，銅，水銀など。
①特有の**金属光沢**がある。
②**電気**を通す（**電気伝導性**）。
③**熱**をよく伝える（**熱伝導性**）。
④たたくと広がり（**展性**），引っ張るとのびる（**延性**）。

(4) **非金属**…金属以外の物質。囲 ガラス，プラスチックなど。

❷ 密度

(1) **密度**…**物質1cm³あたりの質量。**物質の種類，温度や状態によって固有の値を示す。

重要！

$$密度〔g/cm^3〕=\frac{物質の質量〔g〕}{物質の体積〔cm^3〕}$$

●**質量＝密度×体積　体積＝質量÷密度**

(2) 同じ物質の体積と質量は**比例**する。

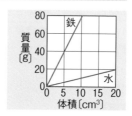
▲ 物質の体積と質量の関係のグラフ
グラフの傾きは密度を表し，傾きが大きいほど密度が大きい。

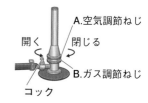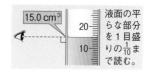

基礎力チェック問題

(1) 砂糖やロウなど，炭素をふくむ物質を何というか。　[　　]
(2) (1)が燃えると，何と何が発生するか。　[　,　]
(3) アルミニウム，プラスチック，ガラスのうち，無機物で非金属はどれか。　[　　]
(4) 物質1cm³あたりの質量を何というか。　[　　]
(5) 物質が固体，液体，気体と変化することを何というか。　[　　]

物質の状態変化

❶ 状態変化

(1) 状態変化…温度によって**固体・液体・気体**と物質の状態が変化すること。
●物質をつくる<u>粒子</u>の集まり方が変化し，粒子そのものは変化しない。
　●物質をつくる原子や分子（→ p.45）

重要！ (2) **状態変化と体積・質量**　①体積は変化する。②質量は変化しない。

▲ 物質の状態変化

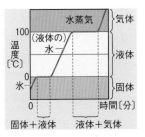

▲ 水を加熱したときの温度変化と状態変化

❷ 状態変化するときの温度

(1) 融点…固体が液体に変化する温度。

(2) 沸点…液体が沸騰して，気体に変化する温度。

重要！ (3) **純粋な物質の融点・沸点**
　●1種類の物質からできているもの。純物質という。
①物質の種類によって**決まっている**。
②物質がとけている間や沸騰している間は，温度は一定で，**変化しない**。

(4) 混合物の融点・沸点…一定の値にならない。
　●いくつかの物質が混ざり合ったもの。

(5) 蒸留…液体を加熱して沸騰させ，出てくる蒸気（気体）を冷やして再び液体としてとり出す操作。

(6) **エタノールと水の混合物の蒸留**…沸点のちがいを利用して混合物を分ける。低い温度では**沸点の低いエタノール**が多く，高い温度では沸点の高い水が多く出てくる。

▲ 状態変化と粒子

(!) **注意**

状態変化による体積の変化
一般に，固体＜液体＜気体となる。水は例外で，液体＜固体＜気体。

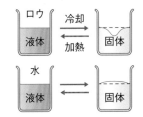

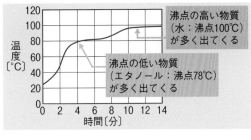

▲ エタノールと水の混合物の温度変化

解答はページ下 ✏

(6) (5)で変化しないのは，物質の〔質量　体積〕である。　　　　［　　　　　　　］

(7) 物質が固体から液体に変化するときの温度を何というか。　　　［　　　　　　　］

(8) 物質が沸騰して，液体から気体に変化するときの温度を何というか。［　　　　　　　］

(9) 純粋な物質がとけている間，物質の温度はどうなっているか。　　［　　　　　　　］

(10) 水とエタノールの混合物は，何という操作によって分けることができるか。［　　　　　　　］

PART **7**

物質の性質と状態変化

---

1 金属の性質と密度

金属について，次の問いに答えなさい。 〔群馬県〕(8点×3)

よく出る! (1) 金属に共通する性質としてあてはまるものを，次の**ア〜エ**からすべて選べ。

ア 電気をよく通す。 　　　**イ** 磁石につく。

ウ みがくと光を受けて輝く。 　　**エ** たたくとうすく広がる。

[　　　　]

(2) 3種類の金属**a〜c**の質量と体積を測定した。表は結果をまとめたものである。表中の金属**a〜c**のうち，密度が最も大きいものと最も小さいものをそれぞれ選べ。

金 属	a	b	c
質量〔g〕	47.2	53.8	53.8
体積〔cm³〕	6.0	6.0	20.0

最も大きいもの[　　] 最も小さいもの[　　]

---

2 状態変化

固体の物質Xを試験管に2g入れておだやかに加熱し，物質Xの温度を1分ごとに測定した。図は，その結果を表したグラフである。ただし，温度が一定であった時間の長さをt，そのときの温度をTと表す。次の問いに答えなさい。

〔愛媛県〕(8点×4)

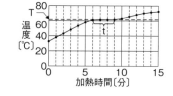

(1) すべての物質Xが，ちょうどとけ終わったのは，加熱時間がおよそ何分のときか。次の**ア〜エ**のうち，最も適当なものを1つ選べ。 [　　]

ア 3分 　　**イ** 6分 　　**ウ** 9分 　　**エ** 12分

アドバイス ☞ 融点では，加えられた熱は状態変化のためだけに使われる。

ミス注意 (2) 物質Xの質量を2倍にして，同じ火力で加熱したとき，時間の長さ**t**と温度**T**はそれぞれどうなるか。次の**ア〜エ**のうち，最も適当なものを1つ選べ。 [　　]

ア 時間の長さ**t**は長くなり，温度**T**は高くなる。

イ 時間の長さ**t**は長くなり，温度**T**は変わらない。

ウ 時間の長さ**t**は変わらず，温度**T**は高くなる。

エ 時間の長さ**t**も，温度**T**も変わらない。

(3) 表は，物質**A〜C**の融点と沸点を表したものである。物質**A〜C**のうち，1気圧において，60℃のとき液体であるものを1つ選び，**A〜C**の記号で書け。また，その物質が60℃のとき液体であると判断できる理由を，融点，沸点との関係にふれながら，次の書き出しに続けて，簡単に書け。

〔1気圧における融点，沸点〕		
	融点〔℃〕	沸点〔℃〕
物質A	− 115	78
物質B	− 95	56
物質C	81	218

記号[　　]

理由[選んだ物質では，物質の温度（60℃）が 　　　　　　　　　　　　]

3 蒸留

右の図のような装置をつくり，枝つきフラスコにエタノールの濃度（のうど）が 10% の赤ワイン 30 cm³ と沸騰石（ふっとうせき）を入れ，弱火で熱し，出てきた液体を約 2 cm³ ずつ試験管 A，B，C の順に集めた。次に，A〜C の液体をそれぞれ蒸発皿に移し，マッチの火をつけると，A，B の液体は燃えたが，C の液体は燃えなかった。次の問いに答えなさい。〔岐阜県〕(8点×3)

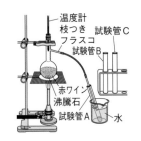

(1) 図で，温度計の球部を，枝つきフラスコのつけ根の高さにした理由を簡潔に書け。

[   ]

(2) A，C の液体の密度の説明として最も適切なものを，**ア〜ウ**から 1 つ選べ。ただし，エタノールの密度を 0.79 g/cm³，水の密度を 1.0 g/cm³ とする。　　[   ]

ア　A の液体より C の液体の方が密度は大きい。

イ　A の液体より C の液体の方が密度は小さい。

ウ　A の液体と C の液体の密度は同じである。

◎ (3) アンモニア水や赤ワインのように，いくつかの物質が混ざり合ったものを混合物（こんごうぶつ）という。**ア〜オ**から混合物をすべて選べ。　　[   ]

ミス注意

ア　炭酸水素ナトリウム　　**イ**　食塩水　　**ウ**　ブドウ糖　　**エ**　塩酸　　**オ**　みりん

4 メスシリンダーの使い方とエタノールの変化

次の問いに答えなさい。〔岩手県〕(10点×2)

(1) メスシリンダーを使って，水 50.0 cm³ をはかった。次の**ア〜エ**のうち，目の位置をこのメスシリンダーの液面と同じ高さにして見たとき，目盛りと液面を示した図として最も適当なものを**ア〜エ**から選べ。　　[   ]

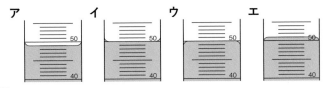

(2) ポリエチレンの袋（ふくろ）にエタノールを少量入れて口をしばり，熱湯につけると，袋が大きくふくらんだ。次の**ア〜エ**のうち，袋がふくらんだ理由として最も適当なものはどれか。1 つ選べ。　　[   ]

ア　袋の中のエタノールの分子（ぶんし）の数がふえたから。

イ　袋の中のエタノールの分子が大きくなったから。

ウ　袋の中のエタノールの分子の運動が激しくなったから。

エ　袋の中のエタノールの分子そのものの質量がふえたから。

8 | 気体の性質

必ず出る！要点整理

気体の発生法と性質

① 気体の発生法

(1) **水素**…**亜鉛**やマグネシウ
ム（鉄やアルミニウムでもよい。）にうすい**塩酸**を加え
る。（うすい硫酸でもよい。）

(2) **酸素**…二酸化マンガンに
うすい**過酸化水素水**を加
え（約3％の過酸化水素水はオキシドール。）
る。

(3) **二酸化炭素**…**石灰石**にう
（貝殻，卵の殻でもよい。）
すい**塩酸**を加える。

(4) **アンモニア**…**塩化アンモニウムと水酸化カルシウム**を混ぜて加熱。
（塩化アンモニウムと水酸化ナトリウムを混ぜて少量の水を加えても発生。）

●水素の発生
●二酸化炭素の発生　うすい塩酸
水素
亜鉛　うすい塩酸　水
石灰石　二酸化炭素
●酸素の発生
うすい過酸化水素水
酸素
二酸化マンガン　水
●アンモニアの発生
塩化アンモニウムと
水酸化カルシウム

アンモニア

▲ 気体の発生法

📖 **参考**

気体のその他の発生法
酸素 ①酸化銀を加熱する。
②水を電気分解する。(→ p.44)
二酸化炭素 ①炭酸水素ナト
リウムを加熱する。(→ p.44)
②炭酸水素ナトリウムにうす
い塩酸や酢酸を加える。
アンモニア 濃いアンモニア
水を加熱する。

🔧 **くわしく！**

その他の気体の性質
①**塩化水素** 刺激臭，水に非
常にとけやすく，水溶液は塩
酸。
②**硫化水素** 腐った卵のよう
なにおい，有毒。硫化鉄に塩
酸を加えると発生。(→ p.48)

② 気体の性質

気体＼性質	におい	質量の比（空気1）	水へのとけ方	その他の性質
水素	ない	0.07	とけにくい	◎物質の中で最も軽い。 ◎よく燃える。燃えると水ができる。
酸素	ない	1.11	とけにくい	◎空気の体積の約$\frac{1}{5}$を占める。 ◎ほかのものを燃やす（助燃性）。酸素自体は燃えない。
二酸化炭素	ない	1.53	少しとける	◎石灰水を白くにごらせる。　◎燃えない。 ◎水溶液（炭酸水）は酸性。
アンモニア	刺激臭	0.60	非常によくとける	◎水溶液はアルカリ性。　◎有毒。
窒素	ない	0.97	とけにくい	◎空気の体積の約$\frac{4}{5}$を占める。　◎燃えない。
塩素	刺激臭	2.49	よくとける	◎黄緑色である。　◎漂白作用・殺菌作用がある。 ◎水溶液は酸性を示す。　◎有毒。

Q. 基礎力チェック問題

(1) 石灰石にうすい塩酸を加えると発生する気体は何か。 [　　　　　　]

(2) 二酸化マンガンにうすい過酸化水素水を加えると発生する気体は何か。 [　　　　　　]

(3) 水にとけにくい気体は［水素　二酸化炭素　アンモニア］である。 [　　　　　　]

(4) 窒素，水素，アンモニア，二酸化炭素のうち，刺激臭のある気体はどれか。 [　　　　　　]

(5) 窒素，水素，アンモニア，二酸化炭素のうち，空気より重い気体はどれか。 [　　　　　　]

気体の集め方と確認法

❶ 気体の集め方

(1) **気体の性質と集め方**…気体の水へのとけ方と気体の密度によって集め方がちがう。

重要!

● **水にとけにくい気体** ━━━➤ **水上置換法**

● **水にとけやすく，空気より密度が小さい気体** ━━━➤ **上方置換法**

● **水にとけやすく，空気より密度が大きい気体** ━━━➤ **下方置換法**

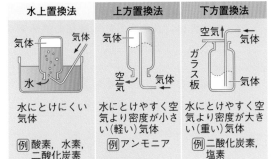

水上置換法	上方置換法	下方置換法
気体 気体 水	気体 空気 気体	空気 気体 ガラス板 気体
水にとけにくい気体	水にとけやすく空気より密度が小さい(軽い)気体	水にとけやすく空気より密度が大きい(重い)気体
例 酸素，水素，二酸化炭素	例 アンモニア	例 二酸化炭素，塩素

▲ 気体の集め方

(2) **気体を集めるときの注意**
① 最初に出てくる気体は集めない…最初に出てくる気体は，おもに**発生装置内の空気**なので集めない。しばらくしてから集める。
② **水上置換法**…気体を集める容器は，はじめに**水で満たしておく**。
③ **上方置換法・下方置換法**…ガラス管を**捕集容器の奥**まで入れる。

❷ 気体の確認法

● その気体にしかない**特有の性質**があるかどうかを確かめる。

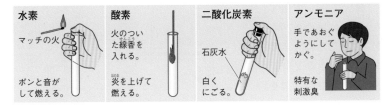

水素	酸素	二酸化炭素	アンモニア
マッチの火 ポンと音がして燃える。	火のついた線香を入れる。炎を上げて燃える。	石灰水 白くにごる。	手であおぐようにしてかぐ。特有な刺激臭

よく出る!

アンモニアの噴水実験

スポイトを押してフラスコの中に水を入れると，アンモニアはわずかな水にもよくとけるので，フラスコ内の圧力（→ p.100）が小さくなって水そうの水がいきおいよく吸いこまれて噴水が起こる。フェノールフタレイン溶液を加えた水が赤色に変わるのはアンモニアが水にとけると**アルカリ性**を示すからである。

アンモニア
丸底フラスコ
水を入れたスポイト
フェノールフタレイン溶液を加えた水

解答はページ下 ✏

(6) 水素は何という方法で集めるか。 [ ]

(7) アンモニアは何という方法で集めるか。 [ ]

(8) 二酸化炭素は水上置換法のほかに何という方法で集めることができるか。 [ ]

(9) マッチの火を近づけると，音を出して燃えるのは［酸素　水素］である。 [ ]

(10) 気体が二酸化炭素かどうかは，何という薬品によって確かめられるか。 [ ]

PART

8

気体の性質

1 いろいろな気体の発生

愛さんは，次のように4種類の気体A～Dを集める実験の計画を立てた。あとの問いに答えなさい。〔秋田県〕(9点×3)

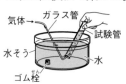

気体を表の方法で発生させ，下の図のように水上置換法で集めた。

気体		発生方法
A	水素	（ X ）にうすい塩酸を加える。
B	二酸化炭素	石灰石にうすい塩酸を加える。
C	酸素	二酸化マンガンにオキシドールを加える。
D	アンモニア	塩化アンモニウムと水酸化カルシウムを混ぜ合わせて熱する。

(1) A～Dのうち，単体はどれか。すべて選べ。　　　　　　[　　　　　]

アドバイス 🖙 単体は，1種類の元素でできている物質。

(2) 次のうち，表のXにあてはまるものはどれか。1つ選べ。　　[　　　　　]

ア 貝殻　　　イ 硫化鉄　　　ウ アルミニウムはく　　　エ 炭酸水素ナトリウム

(3) Bが二酸化炭素であることを確かめるために使うものはどれか。次から1つ選べ。　[　　　　　]
よく出る!

ア 石灰水　　　　　　イ 水でぬらした赤色リトマス紙

ウ 塩化コバルト紙　　エ 無色のフェノールフタレイン溶液

2 アンモニアの性質

図1のように，試験管にアンモニア水約10 cm³と沸騰石を入れ，弱火で熱して出てきた気体を乾いた丸底フラスコに集めた。このとき，丸底フラスコの口のところに，水でぬらした赤色リトマス紙を近づけると青くなった。次に，気体を集めた丸底フラスコを用いて図2のような装置をつくり，スポイトの中には水を入れた。スポイトを押して丸底フラスコの中に水を入れると，水そうの水が吸い上げられ，噴水が見られた。次の問いに答えなさい。〔岐阜県〕(8点×3)

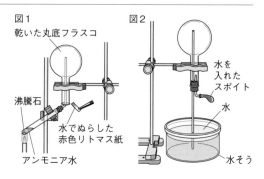

(1) 水でぬらした赤色リトマス紙を青色に変化させた気体を化学式で書け。[　　　　　]

(2) 次の①，②にあてはまる正しい組み合わせを，ア～エから1つ選べ。　[　　　　　]
よく出る!

　実験で集めた気体は，空気より密度が ① ，水に ② 性質をもつため，上方置換法で集める必要がある。

ア ①大きく　②とけにくい　　　イ ①大きく　②とけやすい

ウ ①小さく　②とけにくい　　　エ ①小さく　②とけやすい

(3) 図2の水そうの水にBTB溶液を加えて実験を行うと，噴水は何色になるか。**ア～オ**から最も適切なものを1つ選べ。 　　　　　　　　　　　　　　　　　　　[　　]

　ア 無色　　　**イ** 赤色　　　**ウ** 青色　　　**エ** 黄色　　　**オ** 緑色

3 　　　　　　　　　　　　　　　気体の性質

4種類の気体について述べた次のア～エのうち，正しいものを1つ選びなさい。〔神奈川県〕（9点）

　ア 水素は無臭で，物質を燃やすはたらきがある。　　　　　　　　　[　　]

　イ 塩素は無色で刺激臭があり，漂白作用がある。

　ウ アンモニアは空気より軽く，水にとけにくい気体である。

　エ 二酸化炭素は空気より重く，水に少しとけ，その水溶液は酸性を示す。

4 　　　　　　　　　　　　　　　気体の性質

気体A，B，C，Dは，二酸化炭素，アンモニア，酸素，水素のいずれかである。気体について調べるために次の実験I，II，III，IVを順に行った。次の問いに答えなさい。〔栃木県〕（8点×5）

> Ⅰ　気体A，B，C，Dのにおいを確認したところ，気体**A**のみ刺激臭がした。
>
> Ⅱ　気体B，C，Dをポリエチレンの袋に封入して，実験台に置いたところ，気体**B**を入れた袋のみ浮き上がった。
>
> Ⅲ　気体C，Dをそれぞれ別の試験管に集め，水でぬらしたリトマス試験紙を入れたところ，気体**C**では色の変化が見られ，気体**D**では色の変化が見られなかった。
>
> Ⅳ　気体C，Dを1：1の体積比で満たした試験管**X**と，空気を満たした試験管**Y**を用意し，それぞれの試験管に火のついた線香を入れ，反応のようすを比較した。

(1) 次の[　　]内の文章は，実験IIIについて結果とわかったことをまとめたものである。①，②，③にあてはまる語をそれぞれ書け。　①[　　　] ②[　　　] ③[　　　]

> 気体**C**では，（　①　）色リトマス試験紙が（　②　）色に変化したことから，気体**C**は水にとけると（　③　）性を示すといえる。

(2) 実験IVについて，試験管**X**では，試験管**Y**と比べてどのように反応するか。反応のようすとして，適切なものを**ア，イ，ウ**の記号から1つ選べ。また，そのように判断できる理由を，空気の組成（体積の割合）を表した図を参考にして簡潔に書け。

| 78.0 | 21.0 | 1.0 |

| 0 | 20 | 40 | 60 | 80 | 100 % |

☐ 窒素　☐ 酸素　■ その他（二酸化炭素など）

記号[　　]

　ア 同じように燃える。　　　**イ** 激しく燃える。　　　**ウ** すぐに火が消える。

　理由[　　　　　　　　　　　　　　　　　　　　　　　　　　　　　　]

TEST

PART 9 | 水溶液の性質

必ず出る！要点整理

水溶液とその濃度

▲ 溶質・溶媒・溶液

❶ 水溶液の特徴

(1) **液体にとけている物質を溶質，物質をとかしている液体を溶媒，物質がとけている液を溶液という。**

● 溶媒が水の溶液を**水溶液**という。

(2) **水溶液の特徴**

①無色・有色にかかわらず**透明**である。

②水溶液のどの部分も**同じ濃さ**になっている。

③水溶液を放置しても溶質が**沈ん**だりすることはない。

(3) **水溶液の粒子モデル**…水溶液では，溶質の粒子は，水の粒子の間に**均一**に散らばっている。

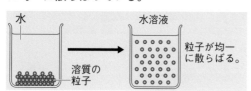

▲ 物質が水にとけたときのモデル （水の粒子は省略）

くわしく！

溶質が気体の水溶液

溶質が固体ではなく，気体の水溶液もある。塩酸は塩化水素，炭酸水は二酸化炭素，アンモニア水はアンモニアがそれぞれ溶質である。溶質が液体の場合もある。

❷ 水溶液の濃度

(1) **溶液の質量＝溶質の質量＋溶媒の質量**

(2) **質量パーセント濃度**…溶質の質量が，溶液全体の質量の何パーセントにあたるかで表した濃度。

重要！

$$質量パーセント濃度〔\%〕$$
$$=\frac{溶質の質量〔g〕}{溶液の質量〔g〕}\times100=\frac{溶質の質量〔g〕}{溶質の質量〔g〕+溶媒の質量〔g〕}\times100$$

くわしく！

濃度を求める式の変形式

溶質の質量
$$=\frac{溶液の質量\times濃度}{100}$$

溶液の質量
$$=\frac{溶質の質量\times100}{濃度}$$

基礎力チェック問題

(1) 水溶液の水のように，物質をとかしている液体を何というか。　［　　　　　　］

(2) 食塩水の溶質は何か。　［　　　　　　］

(3) 水溶液は［透明　不透明］で，濃さはどの部分も［同じ　ちがう］。　［　　　，　　　］

(4) 水溶液の質量は，水の質量と何の質量の和で表されるか。　［　　　　　　］

(5) 溶質の質量が溶液全体の質量の何%かで表した濃度を何というか。　［　　　　　　］

溶解度と再結晶

❶ 溶解度

(1) **溶解度**…100 g の水にとかすことができる物質の最大限度の量。

(2) **飽和水溶液**…物質が**溶解度**までとけている水溶液。

(3) **物質による溶解度の特徴**
①**硝酸カリウム**…温度の上昇とともに溶解度が大きくなる。
②**塩化ナトリウム**…温度による溶解度の**変化はほとんどない**。
　▶ 食塩

❷ 再結晶

重要！

(1) **結晶**…いくつかの平面で囲まれた規則正しい形の固体。

(2) **再結晶**…水にとかした固体を再び結晶としてとり出す操作。
①**温度による溶解度の差が大きい物質**…水溶液を冷やして結晶をとり出す。
②**温度による溶解度の差が小さい物質**…水溶液の水を蒸発させる。

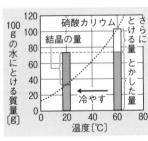

▲ 水溶液を冷やして出てくる結晶の量

(3) **混合物の分離**…溶解度のちがいを利用して，より純粋な物質をとり出すことができる。
　●硝酸カリウムと少量の塩化ナトリウムの混合物を高温の水にとかしたあと，水溶液を冷やすと硝酸カリウムだけを結晶としてとり出すことができる。
　　　温度による溶解度の差が小さいので，冷やしても結晶がほとんど出てこない。

(4) **ろ過**…液体にとけていない固体を**ろ紙**などでこしとる操作。固体はろ紙上に残り，液体はろ紙を通りぬける（**ろ液**）。

解答はページ下

くわしく！

溶解度曲線

水の温度と溶解度の関係を表したグラフのこと。

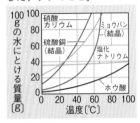

▲ いろいろな物質の溶解度曲線

◀ 塩化ナトリウムの結晶

硝酸カリウムの結晶 ▶
© アフロ

よく出る！

ろ過のしかた

混合液を注ぐときは，ガラス棒を伝わらせる。

ガラス棒

液を注ぐ位置は，ろうとの中央にする。

ガラス棒は，ろ紙の3重の部分に当てる。

ろうとのあしは，とがった方をビーカーの壁につける。

ろうと

ろ液

(6) 100 g の水にとける物質の限度の量を何というか。 [　　　　　]

(7) 物質が(6)の質量までとけている水溶液を何というか。 [　　　　　]

(8) いくつかの平面で囲まれた規則正しい形の固体を何というか。 [　　　　　]

(9) 水にとかした固体を再び結晶としてとり出す操作を何というか。 [　　　　　]

(10) ろ紙を使って水にとけていない固体をとり出す操作を何というか。 [　　　　　]

水溶液の性質

1

溶解度

砂糖，デンプン，塩化ナトリウム，硝酸カリウムの4種類の物質を用いて，水へのとけ方やとける量について調べるため，次の実験1～4を行った。あとの問いに答えなさい。ただし，水の蒸発は考えないものとする。〔青森県〕(8点×6)

実験1　砂糖とデンプンをそれぞれ1.0gずつはかりとり，20℃の水20.0gが入った2つのビーカーに別々に入れてかき混ぜたところ，㋐砂糖は全部とけたが，デンプンを入れた液は全体が白くにごった。デンプンを入れた液をろ過したところ，㋑ろ過した液は透明になり，ろ紙にはデンプンが残った。

実験2　塩化ナトリウムと硝酸カリウムをそれぞれ50.0gずつはかりとり，20℃の水100.0gが入った2つのビーカーに別々に入れてかき混ぜたところ，どちらも粒がビーカーの底に残り，㋒それ以上とけきれなくなった。次に2つのビーカーをあたためて温度を40℃まで上げてかき混ぜたところ，塩化ナトリウムはとけきれなかったが，㋓硝酸カリウムはすべてとけた。

実験3　塩化ナトリウム，硝酸カリウムをそれぞれ[　　]gずつはかりとり，60℃の水200.0gが入った2つのビーカーに別々に入れてかき混ぜたところ，どちらもすべてとけたが，それぞれを冷やして，温度を15℃まで下げると，2つの水溶液のうちの1つだけから結晶が出てきた。

実験4　水に硝酸カリウムを入れて，あたためながら質量パーセント濃度が30.0%の水溶液300.0gをつくった。この水溶液を冷やして，温度を10.0℃まで下げたところ，硝酸カリウムの結晶が出てきた。

---

(1) 下線部㋐のときのようすを，粒子のモデルで表したものとして最も適切なものを下の**ア～エ**から1つ選べ。ただし，水の粒子は省略しているものとする。　　[　　　]

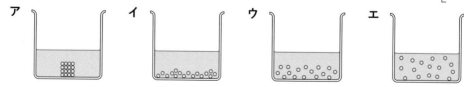

(2) 下線部㋑のようになるのはなぜか。水の粒子とデンプンの粒子の大きさに着目して，「ろ紙のすきま」という語句を用いて書け。

[　　　　　　　　　　　　　　　　　　　　　　　　　　　]

(3) 下線部㋒のときの水溶液を何というか。

[　　　　　　　]

(4) 右の図は，硝酸カリウムと塩化ナトリウムについて，水の温度と
100 g の水にとける物質の質量との関係を表したものである。

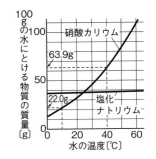

① 下線部㊁について，この水溶液を 40℃ に保った場合，硝酸
カリウムをあと何 g とかすことができるか。

[　　　　　　　　]

② 実験 3 の □ に入る数値として適切なものを次の**ア〜エ**
から 1 つ選べ。

[　　　　　　　　]

ア 20.0　　**イ** 40.0　　**ウ** 60.0　　**エ** 80.0

③ 実験 4 について，出てきた硝酸カリウムの結晶は何 g か。

アドバイス ☞ 溶解度以上の溶質が結晶として出てくる。

[　　　　　　　　]

2　水溶液と濃度

次の問いに答えなさい。（8点×6）

(1) 20℃ の水 100 g に，塩化ナトリウム 35.8 g をすべてとかすと，塩化ナトリウムの飽和水溶液が
できる。〔青森県〕

① 水のように，物質をとかしている液体を何というか。

[　　　　　　　　]

② 塩化ナトリウム 53.7 g をすべてとかして飽和水溶液をつくるのに必要な 20℃ の水は何 g か。

[　　　　　　　　]

(2) 水 40 g に砂糖 10 g をとかしたときの砂糖水の質量パーセント濃度は何％か。〔埼玉県〕

[　　　　　　　　]

(3) 質量パーセント濃度が 15％ の硝酸カリウム水溶液を 300 g つくるには，水何 g に硝酸カリウ
ムを何 g とかせばよいか。〔群馬県〕　[　　　　　　　　]

(4) 質量パーセント濃度が 2％ の食塩水をつくりたい。1 g の食塩を何 g の水にとかせばよいか。

〔佐賀県〕　[　　　　　　　　]

(5) 固体の物質を水に一度とかし，とかした水溶液の温度を下げることで再び物質を固体としてと
り出すことを何というか。〔三重県〕　[　　　　　　　　]

3　ろ過のしかた

ろ過の正しい操作を表した図はどれか。下のア〜エ**から選びなさい。**〔秋田県〕（4点）　[　　　　　　　　]

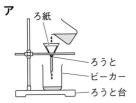

PART 10 物質の成り立ち

必ず出る！要点整理

加熱による分解と電気分解

❶ 分解

(1) **化学変化**…物質が性質の異なる**別の物質**に変わる変化。

(2) **分解**…1種類の物質が2種類以上の別の物質に分かれる化学変化。

(3) **炭酸水素ナトリウムの加熱**…3種類の物質に分解する（**熱分解**）。

重要！

炭酸水素ナトリウム→炭酸ナトリウム＋水＋二酸化炭素

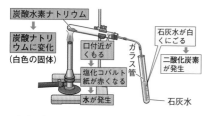

炭酸水素ナトリウム
炭酸ナトリウムに変化（白色の固体）
口付近がくもる
塩化コバルト紙が赤くなる
水が発生
ガラス管
石灰水が白くにごる
二酸化炭素が発生
石灰水

実験上の注意
①試験管の口を下げる➡発生した水が加熱した試験管の底へ流れると試験管が割れるおそれがあり危険。
②火を止める前にガラス管の先を石灰水から出す➡先に火を止めると、石灰水が逆流して加熱した試験管が割れるおそれがある。

▲ 炭酸水素ナトリウムの分解

(4) **酸化銀の加熱**…銀と酸素に分解。 **酸化銀→銀＋酸素**

❷ 電気分解

(1) **水の電気分解**…水素と酸素に分解。
◉電流を流しやすくするため水に水酸化ナトリウムなどを少量加える。

重要！

① 水 → 水素 ＋ 酸素
　　　（陰極）（陽極）

②**体積比**…**水素：酸素＝2：1**

(2) **塩化銅水溶液の電気分解**…銅と塩素に分解。 **塩化銅→銅＋塩素**

●**陰極**に赤色の**銅**が付着し、**陽極**から刺激臭のある**塩素**が発生する。

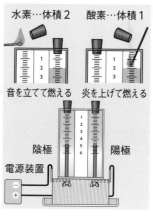

水素…体積2　酸素…体積1
音を立てて燃える　炎を上げて燃える
陰極　陽極
電源装置
▲ 水の電気分解

くわしく！

フェノールフタレイン溶液を加えたときの変化

炭酸ナトリウムは、炭酸水素ナトリウムと比べて水にとけやすく、その水溶液は強いアルカリ性を示すので、濃い赤色を示す。（フェノールフタレイン溶液の変化→p.60）

よく出る！

酸化銀の分解

試験管の中に残った**白い固体**は金属の銀で、こすると金属光沢を示し、**電気を通す**。

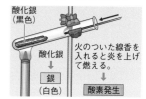

酸化銀（黒色）
酸化銀
銀（白色）
火のついた線香を入れると炎を上げて燃える。
酸素発生

（−）陰極 銅が付着 赤色の固体こすると光る
（＋）陽極 塩素発生 刺激臭漂白作用
塩化銅水溶液
青色がしだいにうすくなる
▲ 塩化銅水溶液の電気分解

基礎力チェック問題

(1) 1種類の物質が2種類以上の別の物質に分かれる化学変化を何というか。　[　　　　]

(2) 炭酸水素ナトリウムを加熱したあと、試験管に残る白色の固体は何か。　[　　　　]

(3) 酸化銀を加熱したとき、発生する気体は何か。　[　　　　]

(4) 水に水酸化ナトリウムを加えて電流を通すと、酸素と何が発生するか。　[　　　　]

(5) 塩化銅水溶液に電流を通すと、何と何に分解するか。　[　　，　　]

原子と分子，化学式

❶ 原子と分子

(1) **原子**…物質をつくっていて，**それ以上分けることができない粒子**。

(2) **分子**…いくつかの原子が結びついた，**物質の性質を示す最小の粒子**。

　　例　**水素分子**…水素原子2個でできている。

　　　　水分子…水素原子2個と酸素原子1個でできている。

❷ 元素記号と化学式

(1) **元素**…原子の種類。約120種類が知られている。

(2) **元素記号**…元素を記号で表したもの。**アルファベット**1文字か2文字で表す。

(3) **元素の周期表**…元素を原子番号（原子核の中の陽子の数）の順に並べて，元素の性質を整理した表。●p.56

(4) **化学式**…物質を，元素記号と数字を使って表したもの。

酸素	水素	窒素	水	二酸化炭素
O_2	H_2	N_2	H_2O	CO_2

▲ 化学式の表し方

(5) **単体**…**1種類の元素**からできている物質。例　水素，銅

(6) **化合物**…**2種類以上の元素**からできている物質。例　水，二酸化炭素

物質 ─┬─ 純粋な物質（純物質）─┬─ 単体
　　　│　　　　　　　　　　　　└─ 化合物
　　　└─ 混合物

▲ 物質の分類

①それ以上分割できない。
②種類によって質量と大きさが決まっている。
③化学変化によってほかの種類の原子に変わったり，新しくできたり，なくなったりしない。

▲ 原子の性質

金属		非金属	
銀	Ag	水素	H
鉄	Fe	酸素	O
ナトリウム	Na	炭素	C
マグネシウム	Mg	塩素	Cl
カルシウム	Ca	窒素	N
銅	Cu	硫黄	S

▲ おもな元素記号

くわしく！

化学式が表すもの

分子をつくる物質

$2H_2O$ （水）

水分子が2個　水素原子が2個　数字なし→酸素原子が1個

分子をつくらない物質

CuO（酸化銅）

銅原子と酸素原子が1：1の数の割合で結びついていることを表す。

単体	酸素	O_2
	水素	H_2
	窒素	N_2
	塩素	Cl_2
	銅	Cu
	銀	Ag
	炭素	C
	マグネシウム	Mg
化合物	水	H_2O
	二酸化炭素	CO_2
	アンモニア	NH_3
	酸化銅	CuO
	酸化マグネシウム	MgO
	酸化銀	Ag_2O
	硫化鉄	FeS
	塩化ナトリウム	NaCl

▲ 物質の化学式

解答はページ下 ✏

(6) それ以上分けることができない，物質をつくっている粒子を何というか。　[　　　]

(7) いくつかの原子が結びついた，物質の性質を示す最小の粒子を何というか。　[　　　]

(8) 水の分子は，酸素原子1個と何原子何個からできているか。　[　　　]

(9) 二酸化炭素の化学式を書け。　[　　　]

(10) 1種類の元素からできている物質を何というか。　[　　　]

PART
10

物質の成り立ち

1 　　　　　　　　　　　　炭酸水素ナトリウムの加熱

化学変化に関する次の問いに答えなさい。〔愛媛県〕(8点×6　(3)は完答)

> [実験1]　図1のように，試験管**P**に入れた炭酸水素ナト
> リウムを加熱し，発生する気体**X**を試験管に集
> めた。しばらく加熱を続け，気体**X**が発生しな
> くなったあと，⒜ある操作を行い，加熱を止め
> た。加熱後，試験管**P**の底には固体**Y**が残り，
> 口近くの内側には液体**Z**がついていた。気体**X**を集めた試験管に石灰水を加え
> て振ると，白くにごった。また，液体**Z**に塩化コバルト紙をつけると，⒝塩化
> コバルト紙の色が変化したことから，液体**Z**は水であることがわかった。

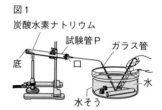

図1
炭酸水素ナトリウム
試験管P　ガラス管
底　口
水
水そう

> [実験2]　図2のように，試験管**Q**に炭酸水素ナトリウム1.0 g，試
> 験管**R**に固体**Y**を1.0 gとったあと，⒞1回の操作につき試
> 験管**Q**と**R**に水を1.0 cm³ずつ加え，20℃での水へのとけ
> やすさを調べた。ある回数この操作を行ったとき，試験管
> **R**の固体**Y**だけすべてとけた。次に，この試験管**Q**，**R**に
> ⒟無色の指示薬を加えると，水溶液はどちらも赤色に変化
> したが，その色の濃さにちがいが見られた。これらのことから，固体**Y**は炭酸
> ナトリウムであると確認できた。

図2
水
炭酸水素ナトリウム
Q　R
固体Y

 (1) 下線部⒜の操作は，試験管**P**が割れるのを防ぐために行う。この操作を簡単に書け。

[　　　　　　　　　　　　　　　　　　]

(2) 次の**ア～エ**から下線部⒝の色の変化として，最も適当なものを記号で選べ。　[　　　　]

　ア　青色→赤色　　**イ**　青色→緑色　　**ウ**　赤色→青色　　**エ**　赤色→緑色

(3) [実験1]では，炭酸水素ナトリウムから炭酸ナトリウムと水と気体**X**ができる化学変化が起
こった。この化学変化を化学反応式で表すとどうなるか。次の[　　　]にあてはまる化学式を
書き，化学反応式を完成させよ。

　　　　$2NaHCO_3 \rightarrow$ [　　　　　　]+[　　　　　　]+[　　　　　　]

(4) [実験2]で，試験管**R**の固体**Y**（炭酸ナトリウム）だけがすべてとけたのは，下線部⒞の操
作を，少なくとも何回行ったときか。ただし，炭酸ナトリウムは，水100 gに20℃で最大
22.1 gとけるものとし，20℃での水の密度は1.0 g/cm³とする。　　　　[　　　　　　]

　アドバイス　☞　まず，固体**Y** 1.0 gをとかすのに必要な水の質量を求める。

(5) 下線部⒟の指示薬の名称を書け。また，指示薬を加えたあと，試験管**Q**，**R**の水溶液の色を比
べたとき，赤色が濃いのはどちらか。　　　　　　名称[　　　　　　　　　　　]

　　　　　　　　　　　　　　　　　　　　　　　色が濃い方[　　　　　　　]

時間： 30 分 | 配点： 100 点 | 目標： 80 点
解答： 別冊 p.9 | 得点： 点

2 酸化銀の加熱

右の図の装置を用いて，酸化銀を加熱して発生した気体を集めた。集めた気体に火のついた線香(せんこう)を入れると，線香が炎(ほのお)を上げて燃えた。加熱した試験管が冷めてから，中に残った白い物質をとり出した。次の問いに答えなさい。 〔青森県〕(8点×2)

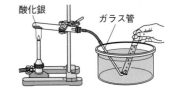

酸化銀
ガラス管

(1) 白い物質の性質について述べたものとして適切なものを，次の**ア〜エ**から1つ選べ。 [　　]

ア　電気を通しやすい。
イ　水にとけやすい。
ウ　燃えやすい。
エ　水より密度が小さい。

(2) 酸化銀の変化のようすを表した右の化学反応式を完成させよ。

$2Ag_2O$ → [　　　　] ＋ [　　　　]

アドバイス ☞ 線香が炎を上げて燃えたことから，発生した気体が何かをつかむ。

3 水の電気分解

水の電気分解(でんきぶんかい)について，次の問いに答えなさい。 〔和歌山県〕(9点×4)

(i) 水酸化ナトリウムを水にとかして，質量パーセント濃(のう)度(ど)2.5%の水酸化ナトリウム水溶液を120 gつくった。
(ii) 電源装置を使って，水酸化ナトリウム水溶液に電流を流した。
(iii) 各電極から気体が発生し，どちらか一方の気体が先に4の目盛りまで集まったところで電流を止めた。

図1

2.5%水酸化ナトリウム水溶液
ゴム栓(せん)
電極
電極
電源装置
陰極(いんきょく)
陽極(ようきょく)
2
4
6
－ ＋

よく出る！ (1) この実験で，電気分解しやすくするために，水酸化ナトリウム水溶液を用いたのはなぜか。その理由を水の性質と比較(ひかく)して簡潔に書け。
[　　　　　　　　　　　　　　　　]

(2) (i)で，水酸化ナトリウムは何g必要であったか。ただし，どのように答えを求めたか，計算の過程も書け。
計算の過程[　　　　　　　　]
答え[　　　　]

ミス注意 (3) 図2は水分子(ぶんし)を表したモデルである。この実験で起こった化学変化を○と◎のモデルを使って書け。ただし，使う分子のモデルの数は，必要最小限にとどめること。 [　　　　　　　　]

図2

アドバイス ☞ 図2で，◎は酸素原子，○は水素原子を表している。

TEST

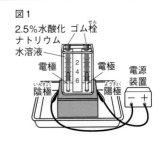

PART 11 | いろいろな化学変化（かがくへんか）

必ず出る！要点整理

物質の結びつき，酸化と還元

① 物質の結びつき

(1) **物質の結びつき**…2種類以上の物質が結びつく化学変化では，性質のちがう別の物質（**化合物**）ができる。
  ▷2種類以上の元素からなる。

(2) **鉄と硫黄（いおう）の結びつき**…鉄と硫黄を混ぜて加熱すると，**熱と光**を出して激しく反応し，黒色の**硫化鉄（りゅうかてつ）**ができる。
  ▷加熱をやめても発生した熱で反応が進む。

  鉄 ＋ 硫黄 → 硫化鉄

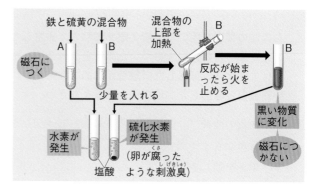

▲ 鉄と硫黄が結びつく反応

② 酸化（さんか）と燃焼（ねんしょう）

(1) 酸化…物質が**酸素**と結びつく化学変化。酸化によってできた物質を**酸化物（さんかぶつ）**という。

(2) 燃焼…熱や光を出す**激しい酸化**。

  ●金属のさびは**おだやかな酸化。**

(3) **スチールウール（鉄）の燃焼**…スチールウールを空気中で燃やすと黒色の**酸化鉄**ができる。

  鉄 ＋ 酸素 → 酸化鉄

	スチールウール	酸化鉄
色	銀白色	黒色
手ざわり	弾力（だんりょく）がある	ぼろぼろとくずれる
電流	流れる	流れない
質量	燃焼後の方が質量が大きい（結びついた酸素の分だけ増加）	
塩酸に入れる	水素が発生	変化しない

▲ 鉄と酸化鉄の性質のちがい

(4) **有機物の燃焼**…おもに**炭素**と**水素**からできている有機物が燃焼すると，炭素と水素が酸化されて，**二酸化炭素**と**水**ができる。

  有機物（炭素，水素）＋ 酸素 → 二酸化炭素 ＋ 水

くわしく！

物質が結びつく反応

銅と硫黄の結びつき…黒色の硫化銅ができる。
銅＋硫黄→硫化銅

水素の燃焼…水素と酸素の混合気体に点火すると，爆発的（ばくはつ）に反応して水ができる。
水素＋酸素→水

炭素の燃焼…二酸化炭素ができる。
炭素＋酸素→二酸化炭素

マグネシウムの燃焼…酸化マグネシウム（白色）ができる。
マグネシウム＋酸素
→酸化マグネシウム

銅の酸化…酸化銅（黒色）ができる。
銅＋酸素→酸化銅

基礎力チェック問題

(1) 2種類以上の物質が結びつく化学変化でできた物質を何というか。 [   ]

(2) 鉄と硫黄が結びついてできる物質は何か。 [   ]

(3) (2)の物質は，鉄と性質が［同じである　異なる］。 [   ]

(4) 物質が酸素と結びつく化学変化を何というか。 [   ]

(5) 物質が激しく熱や光を出して酸素と結びつく化学変化を何というか。 [   ]

❸ 還元

(1) 還元…酸化物から酸素をうばう化学変化。

(2) **酸化銅の炭素による還元**…酸化銅と炭素を混ぜて加熱すると，酸化銅は**還元**されて赤色の銅に，炭素は**酸化**されて**二酸化炭素**になる。還元と酸化は同時に起こる。

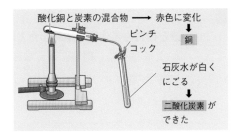

▲ 酸化銅の炭素による還元

加熱をやめたら，ゴム管をピンチコックでとめる。
→試験管の中に酸素が入って，銅が酸化するのを防ぐため。

重要！

```
        ─── 還元 ───
┌─────┐   ┌────┐    ┌──┐   ┌────────┐
│酸化銅│ ＋│炭素│ → │銅│ ＋│二酸化炭素│
└─────┘   └────┘    └──┘   └────────┘
        ─── 酸化 ───
```

(3) **酸化銅の水素による還元**…銅と水ができる。

酸化銅 ＋ 水素 → 銅 ＋ 水

化学反応式

(1) **化学反応式**…化学式を使って化学変化を表した式。

重要！

⬤化学変化の前後で，原子の種類と数は同じ。

(2) **化学反応式の書き方**
①矢印（→）の**左側**に変化前の物質，右側に変化後の物質を化学式で書く。
②矢印（→）の左側と右側で，原子の種類と数が等しくなるように係数をつける。

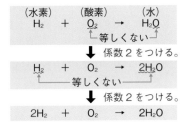

```
（水素）  （酸素）    （水）
 H₂  ＋  O₂  →  H₂O
        └─ 等しくない ─┘
        ↓ 係数2をつける。
 H₂  ＋  O₂  →  2H₂O
 └── 等しくない ──┘
        ↓ 係数2をつける。
 2H₂ ＋  O₂  →  2H₂O
```

▲ 化学反応式のつくり方

 **くわしく！**

おもな化学反応式

鉄と硫黄の結びつき
$Fe + S → FeS$
マグネシウムの燃焼
$2Mg + O_2 → 2MgO$
銅の酸化
$2Cu + O_2 → 2CuO$
水素の燃焼
$2H_2 + O_2 → 2H_2O$
炭素の燃焼
$C + O_2 → CO_2$
酸化銅の炭素による還元
$2CuO + C → 2Cu + CO_2$
酸化銅の水素による還元
$CuO + H_2 → Cu + H_2O$
炭酸水素ナトリウムの分解
$2NaHCO_3 →$
$Na_2CO_3 + CO_2 + H_2O$
酸化銀の分解
$2Ag_2O → 4Ag + O_2$
水の分解
$2H_2O → 2H_2 + O_2$

解答はページ下 ✏

(6) 酸化物から酸素がうばわれる化学変化を何というか。 [   ]

(7) 酸化銅と炭素の混合物を加熱したときにできる，赤色の物質は何か。 [   ]

(8) (7)の化学変化で，炭素は［還元 酸化］される。 [   ]

(9) 化学反応式の矢印の左側と右側では，原子の種類と何が等しいか。 [   ]

(10) 水素の燃焼を化学反応式で表すと，$2H_2 + O_2 → ($ $)$ となる。 [   ]

A。(1)化合物 (2)酸化鉄 (3)重なる (4)酸化マ (5)硫酸鉄 (6)還元 (7)銅 (8)酸化 (9)数 (10) 2H₂O

49

PART 11　いろいろな化学変化（かがくへんか）

1　鉄と硫黄の反応

鉄と硫黄（いおう）の混合物を加熱したときの変化を調べるために次の実験1，2を行った。問いに答えなさい。 〔鳥取県〕（9点×4）

図1

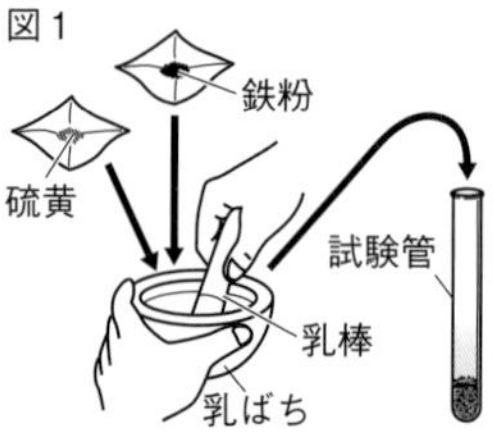

鉄粉
硫黄
試験管
乳棒
乳ばち
脱脂綿（だっしめん）

図2

アイ　ウエ

実験1　図1のように，乳ばちに鉄粉 5.6 g と硫黄（粉末）3.2 g を入れて乳棒で十分に混ぜ合わせ，一部を試験管に入れた。この試験管をガスバーナーで加熱して，混合物の色が赤く変わり始めたところで加熱をやめた。その後も反応が進んで鉄と硫黄はすべて反応し，下線部の黒い物質が生じた。

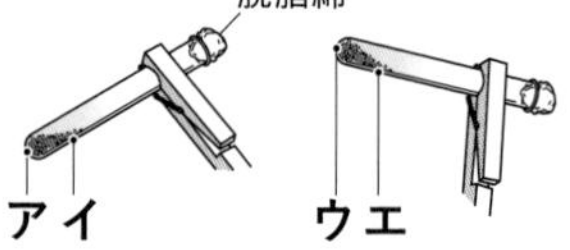

(1) 図1の試験管をガスバーナーで加熱するとき，試験管の向きと加熱する場所として最も適切なものを図2の**ア～エ**から1つ選べ。　　　　　　　　[　　]

 (2) 実験1の下線部の黒い物質は何か。物質名を答えよ。　　　　　　　[　　]

(3) 図1の試験管を加熱したときに起こった化学変化を，化学反応式（かがくはんのうしき）で表せ。

[　　　　　　]

実験2　図3のように，試験管 **A** には，実験1で乳ばちに残った粉末を少量入れ，試験管 **B** には，実験1で生じた黒い物質を少量入れた。

次に，それぞれの試験管にうすい塩酸（てき）を数滴加えると，両方の試験管からそれぞれ気体が発生した。

図3

うすい塩酸

試験管A　試験管B

	試験管 A	試験管 B
ア	無色，無臭（むしゅう）で，空気中で火をつけると，音を立てて燃える。	無色で特有のにおいがあり，有毒である。
イ	無色で特有のにおいがあり，有毒である。	黄緑色で刺激臭があり，殺菌（さっきん）作用がある。
ウ	黄緑色で刺激臭（しげきしゅう）があり，殺菌作用がある。	無色，無臭で，空気中で火をつけると，音を立てて燃える。
エ	無色，無臭で，空気中で火をつけると，音を立てて燃える。	黄緑色で刺激臭があり，殺菌作用がある。
オ	無色で特有のにおいがあり，有毒である。	無色，無臭で，空気中で火をつけると，音を立てて燃える。
カ	黄緑色で刺激臭があり，殺菌作用がある。	無色で特有のにおいがあり，有毒である。

(4) 実験2の試験管 **A** と試験管 **B** に，それぞれ発生した気体の性質の組み合わせとして最も適切なものを**ア～カ**から選べ。　　　　　　　[　　]

2　スチールウールの加熱

図のように，①酸素を入れた集気びんを着火したスチールウール（鉄）にかぶせたところ，熱や光を出しながら激しく反応し，②集気びん内の水面が上昇（じょうしょう）した。また，反応によってできた黒色の物質の質量は，反応前より増加していた。次の問いに答えなさい。 〔石川県〕（8点×3）

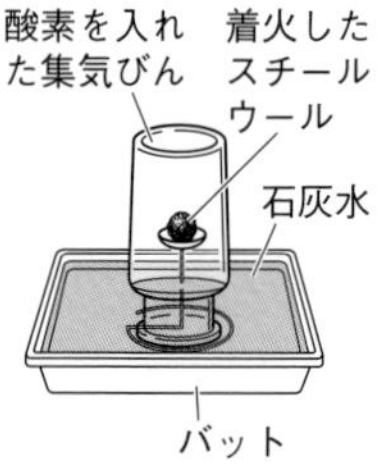

酸素を入れた集気びん　着火したスチールウール
石灰水
バット

(1) 下線部①の反応を何というか。次の**ア～エ**から1つ選べ。　　[　　]
　ア 分解（ぶんかい）　　**イ** 還元（かんげん）　　**ウ** 蒸留（じょうりゅう）　　**エ** 燃焼（ねんしょう）

(2) 下線部②について，集気びん内の水面が上昇したのは，集気びん内の気圧が下がったためである。集気びん内の気圧が下がったのはなぜか。その理由を書け。

[　　　　　　　　　　　　　　　　　　　　　　　　　　]

(3) 次の文は，この実験で確認できたことをまとめたものである。文中の（　あ　），（　い　）にあてはまる内容の組み合わせを下の**ア〜エ**から1つ選べ。　　　[　　　]

　　石灰水の色が（　あ　）ことから，二酸化炭素が（　い　）ことがわかった。

ア あ：白くにごった　　い：発生した　　　**イ** あ：白くにごった　　い：発生しなかった

ウ あ：変化しなかった　い：発生した　　　**エ** あ：変化しなかった　い：発生しなかった

3　　　　　　　　　　　　　　　酸化と還元

次の実験Ⅰ，Ⅱを行った。あとの問いに答えなさい。〔熊本県〕(8点×5)

実験Ⅰ　酸化銅 4.0 g と炭素の粉末 0.5 g をよく混ぜ，その混合物を試験管に入れて図1のような装置で加熱し，発生した二酸化炭素を集気びんに集めた。加熱後，試験管には銅ができた。

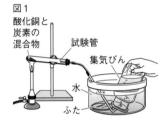
図1
酸化銅と炭素の混合物
試験管
集気びん
水
ふた

実験Ⅱ　図2のように，実験Ⅰで二酸化炭素を集めた集気びんの中に，火をつけたマグネシウムリボンを入れて燃焼させた。燃焼後，酸化マグネシウムができた。また，集気びん内に黒色の物質が見られた。実験Ⅰ，Ⅱで起きた化学変化を図3のようなモデルで表した。なお，図中の□，○，◎，●は，炭素原子，酸素原子，マグネシウム原子，銅原子のいずれかを表したものである。

図2
ふた
ピンセット
マグネシウムリボン
二酸化炭素
集気びん
水

図3

〔実験Ⅰ〕□○　□○　＋　◎　→　□　□　＋　①
〔実験Ⅱ〕●　●　＋　①　→　●○　●○　＋　②

(1) 図3の　①　，　②　に入れるのに適当なモデルをかけ。ただし，実験Ⅰ，Ⅱの　①　には共通する物質のモデルが入る。　　　　　　①[　　　]　②[　　　]

ミス注意

(2) 図3のモデルをもとに，実験Ⅱで起きた化学変化を化学反応式で表せ。

ハイレベル

[　　　　　　　　　　　　　　　　　　　　　　　　　　]

（アドバイス）☞ マグネシウムは二酸化炭素中でも酸化する。

(3) 実験Ⅰ，Ⅱで起きた化学変化から，炭素，銅，マグネシウムのうち，最も酸素と結びつきやすいのは①（**ア** 炭素　**イ** 銅　**ウ** マグネシウム）であることがわかる。このことから，実験Ⅰの酸化銅を酸化マグネシウムにかえて同様の実験を行った場合，試験管内にマグネシウムが②（**ア** できる　**イ** できない）と考えられる。①，②の（　　）の中から正しいものを1つずつ選べ。　　　　　　　　　　　　　　①[　　]　②[　　]

PART 12 | 化学変化と物質の質量

必ず出る！要点整理

化学変化と質量の変化

❶ 質量保存の法則

(1) **沈殿ができる反応**…うすい硫酸とうすい塩化バリウム水溶液を混ぜると，**白色の沈殿（硫酸バリウム）**ができる。

$$H_2SO_4 + BaCl_2 \rightarrow BaSO_4 + 2HCl$$
硫酸　塩化バリウム　　硫酸バリウム　　塩酸

●反応の前後で**質量は変化しない**。

(2) **気体が発生する反応**…炭酸水素ナトリウムとうすい塩酸を混ぜると，**二酸化炭素**が発生する。

$$NaHCO_3 + HCl \rightarrow NaCl + H_2O + CO_2$$
炭酸水素ナトリウム　塩酸　　塩化ナトリウム　水　　二酸化炭素

①密閉した容器の中で反応させると，**質量は変化しない**。
②発生した**気体が空気中に出ていく**と，反応後の**質量は小さくなる**。

▲ 気体が発生する化学変化と質量

(3) **空気中での金属の酸化**…スチールウールを空気中で加熱して燃焼させると，**鉄と結びついた酸素の分だけ質量が大きくなる**。

●燃焼前の物質の質量に，物質と結びつく酸素の質量を加えると，燃焼の前後で物質全体の**質量は変化しない**。

重要！

(4) **質量保存の法則**　反応前の物質の全体の質量 ＝ 反応後の物質の全体の質量

●質量保存の法則は化学変化だけでなく，状態変化などすべての物質の変化で成り立つ。

参考

沈殿

水溶液中にできた水にとけにくい物質。容器の底に物質が沈まなくても，石灰水に二酸化炭素を通したときにできる白いにごりも沈殿である。

くわしく！

気体が出る反応

密閉した容器の中で反応させたあと，ふたを開けると，容器から出ていった気体の分だけ質量は小さくなる。

くわしく！

質量保存の法則が成り立つわけ

化学変化とは原子の結びつきが変わる変化である。化学変化の前後で原子の種類と数は変化しないので，質量は変化しない。

基礎力チェック問題

(1) うすい硫酸と塩化バリウム水溶液が反応すると，何の物質の沈殿ができるか。[　　　　　　]

(2) (1)の反応の前後で，物質全体の質量はどうなるか。[　　　　　　]

(3) 金属が空気中で燃焼すると，燃焼後の物質の質量はどうなるか。[　　　　　　]

(4) 化学変化に関係する物質全体の質量は，反応の前後でどうなるか。[　　　　　　]

(5) (4)を何の法則というか。[　　　　　　]

金属が酸化するときの質量の比をおさえよう！

❷ 化学変化での物質の質量の比

(1) **結びつく物質の質量の比**…結びつく物質によって，決まった質量の比で結びつく。

(2) **銅の酸化**…銅と酸素は**4：1**の質量の比で結びついて，酸化銅ができる。

重要！

	銅	＋	酸素	⟶	酸化銅
質量の比	4	:	1	:	5

(3) **マグネシウムの酸化**…マグネシウムと酸素は**3：2**の質量の比で結びついて，酸化マグネシウムができる。

重要！

	マグネシウム	＋	酸素	⟶	酸化マグネシウム
質量の比	3	:	2	:	5

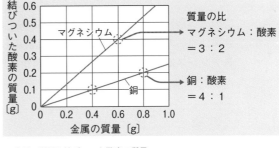

▲ 金属の質量と結びついた酸素の質量

質量の比
マグネシウム：酸素＝3：2

銅：酸素＝4：1

化学変化と熱

(1) **発熱反応**…熱を発生する化学変化。熱を周囲に出すので，まわりの温度が上がる。[例] 有機物の燃焼，金属の酸化，鉄と硫黄が結びつく反応，酸性の水溶液と金属の反応など。

●**化学かいろ**は，鉄粉が酸化するときの発熱を利用している。

(2) **吸熱反応**…熱を吸収する化学変化。周囲の熱を吸収するため，まわりの温度が下がる。[例] 水酸化バリウムと塩化アンモニウムの反応，炭酸水素ナトリウムとクエン酸の反応など。

くわしく！

金属の加熱

金属を加熱すると質量は増加するが，金属がすべて酸化すると，質量は増加しなくなる。

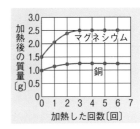

解答はページ下 ✏

(6) 銅と酸素が結びつくときの質量の比は，（　：　）である。　［　：　］

(7) 銅 0.4 g と結びつく酸素の質量は何 g か。　［　　　　］

(8) マグネシウムと酸素が結びつくときの質量の比は，（　：　）である。　［　：　］

(9) 水酸化バリウムと塩化アンモニウムの反応は［発熱反応　吸熱反応］である。　［　　　　］

(10) 化学かいろの熱は，鉄粉が（　　　）するときの熱を利用している。　［　　　　］

化学変化と物質の質量

1 　　　　　　　　　　　　　　　　マグネシウムの酸化と質量

次の〈実験〉に関して，あとの問いに答えなさい。ただし，〈実験〉においてステンレス皿と金網は加熱の前後で他の金属や空気と反応したり，質量が変化したりしないものとする。また，ステンレス皿上の物質は加熱時に金網から外へ出ることはないものとする。

〔京都府〕(11点×3)

〈実験〉

操作①　ステンレス皿と金網の質量を測定する。また，マグネシウム 0.3 g をはかりとってステンレス皿にのせる。

操作②　ステンレス皿の上に金網をのせ，右の図のように 2 分間加熱する。

操作③　ステンレス皿が冷めてから，金網をのせたままステンレス皿の質量をはかり，ステンレス皿上の物質の質量を求める。

操作④　ステンレス皿上の物質をよくかき混ぜ再び 2 分間加熱し，冷めたあとステンレス皿上の物質の質量を求める。これを質量が変化しなくなるまでくり返し，変化がなくなったときの質量を記録する。

操作⑤　ステンレス皿にのせるマグネシウムの質量を変えて，操作①〜④を行う。

加熱前のステンレス皿上のマグネシウムの質量〔g〕	0.3	0.6	0.9	1.2	1.5
加熱をくり返して質量の変化がなくなったときのステンレス皿上の物質の質量〔g〕	0.5	1.0	1.5	2.0	2.5

(1) 〈実験〉においてマグネシウムと結びついた物質は，原子が結びついてできた分子からできている。次のア〜オのうち，分子であるものをすべて選べ。　[　　　　　]

ア H_2O　　　イ Cu　　　ウ NaCl　　　エ N_2　　　オ NH_3

(2) 【結果】から考えて，加熱をくり返して質量が変化しなくなったときの物質が 7 g 得られるとき，マグネシウムと結びついた物質は何 g になるか。　[　　　　　]

(3) マグネシウム 2.1 g と銅の混合物を用意し，ステンレス皿にのせて操作①〜④と同様の操作を行った。このとき，加熱をくり返して質量の変化がなくなったときの混合物が 5.5 g 得られたとすると，最初に用意した混合物中の銅は何 g か。ただし，銅だけを加熱すると，加熱前の銅と加熱をくり返して質量の変化がなくなったときの物質との質量比は 4：5 になるものとする。また，金属どうしが反応することはないものとする。

[　　　　　]

アドバイス　☞　まず，マグネシウム 2.1 g を加熱したときにできる酸化マグネシウムの質量を求める。

2 　酸化銅の還元と質量の変化

次の実験について，あとの問いに答えなさい。〔富山県〕(11点×5)

〈実験〉　⑦　酸化銅6.00gと炭素粉末0.15gをはかりとり，よく混ぜたあと，試験管Aに入れて図1のように加熱したところ，ガラス管の先から気体が出てきた。

⑦　気体が出なくなったあと，ガラス管を試験管Bからとり出し，ガスバーナーの火を消してから<u>ピンチコックでゴム管をとめ</u>，試験管Aを冷ました。

⑦　試験管Aの中の物質の質量を測定した。

⑦　酸化銅の質量は6.00gのまま，炭素粉末の質量を変えて同様の実験を行い，結果を図2のグラフにまとめた。

図1

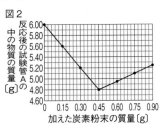

図2

(1)　⑦において，下線部の操作を行うのはなぜか。「銅」ということばを使って簡単に書け。

[　　　　　　　　　　　　　　　　　　　　　　　　　　　]

よく出る! (2)　試験管Aで起こった化学変化を化学反応式で書け。　[　　　　　　　　　　]

(3)　酸化銅は，銅と酸素が一定の質量比で結びついている。この質量比を最も簡単な整数比で書け。

[　　　　　　　　　　]

ミス注意 (4)　⑦において，加えた炭素粉末の質量が0.75gのとき，反応後の試験管Aの中に残っている物質は何か。すべて書け。また，それらの質量も求め，例にならって答えよ。

例　○○が××g，□□が△△g

[　　　　　　　　　　　　　　　　]

(5)　試験管Aに入れる炭素粉末の質量を0.30gにし，酸化銅の質量を変えて実験を行った場合，酸化銅の質量と反応後の試験管Aの中に生じる銅の質量との関係はどうなるか。右にグラフでかけ。

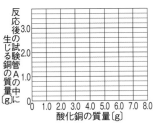

3 　化学変化と熱

次の文中の（　⑦　），（　⑦　）のそれぞれに補う言葉の組み合わせとして，次のア～エから正しいものを1つ選びなさい。〔静岡県・改〕(12点)

水酸化バリウムと塩化アンモニウムとの化学変化は，熱を（　⑦　）反応で，吸熱反応という。吸熱反応では反応後の物質がもつ化学エネルギーは，反応前の物質がもつ化学エネルギーより（　⑦　）。

ア　⑦周囲からうばう　⑦大きい　　　**イ**　⑦周囲からうばう　⑦小さい　　[　　　]

ウ　⑦周囲に与える　　⑦大きい　　　**エ**　⑦周囲に与える　　⑦小さい

PART 13 水溶液とイオン

必ず出る！要点整理

電気分解とイオン

❶ 電解質の水溶液とイオン

(1) **電解質**…水にとかしたとき，電流が流れる物質。

(2) **非電解質**…水にとかしたとき，電流が流れない物質。

(3) **イオン**…原子が＋または－の電気を帯びたもの。

【重要！】

①**陽イオン**…原子が電子を失って，＋の電気を帯びたもの。

②**陰イオン**…原子が電子を受けとって，－の電気を帯びたもの。

	電解質	非電解質
	塩化ナトリウム（食塩） 塩化銅 塩化水素 水酸化ナトリウム 硫酸	砂糖 エタノール

▲ 電解質と非電解質
電解質は固体のままでは電流は流れない。

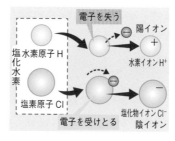

▲ イオンのでき方

(4) **イオンを表す化学式**…元素記号の右肩に，帯びている電気の符号と数をつけて表す。

(5) **電離**…物質が水にとけて，**陽イオンと陰イオン**に分かれること。
　● 電解質は電離する物質，非電解質は電離しない物質である。

❷ 電解質の電気分解

(1) **塩酸**…陰極で水素，陽極で塩素が発生。$2HCl \rightarrow H_2 + Cl_2$

(2) **塩化銅水溶液**…陰極に赤色の銅が付着し，陽極から塩素が発生。$CuCl_2 \rightarrow Cu + Cl_2$

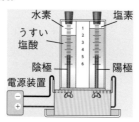

▲ 塩酸の電気分解

くわしく！

原子の構造
陽子と電子の数は等しく，原子全体では電気を帯びていない。

ヘリウム原子の例
陽子（＋の電気）
原子核
中性子
電子（－の電気）

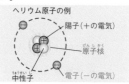

	イオン	化学式
陽イオン	水素イオン	H^+
	ナトリウムイオン	Na^+
	銅イオン	Cu^{2+}
	亜鉛イオン	Zn^{2+}
陰イオン	塩化物イオン	Cl^-
	水酸化物イオン	OH^-
	硫酸イオン	$SO_4{}^{2-}$

▲ イオンを表す化学式

よく出る！

電離を表す式

塩化水素　$HCl \rightarrow H^+ + Cl^-$
水酸化ナトリウム
$NaOH \rightarrow Na^+ + OH^-$
塩化銅　$CuCl_2 \rightarrow Cu^{2+} + 2Cl^-$

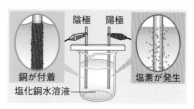

銅が付着
塩化銅水溶液
陰極　陽極
塩素が発生

▲ 塩化銅の電気分解

Q. 基礎力チェック問題

(1) 水にとかしたとき，電流が流れる物質を何というか。　［　　　　］

(2) 原子が電子の一部を失うと，［陽イオン　陰イオン］になる。　［　　　　］

(3) 物質が水にとけて，陽イオンと陰イオンに分かれることを何というか。　［　　　　］

(4) 塩酸の電気分解で，陽極に発生する気体は何か。　［　　　　］

(5) 塩化銅水溶液の電気分解で，銅が生じるのは陽極と陰極のどちらか。　［　　　　］

POINT 👉 **電気分解や電池のしくみをおさえよう!**

化学変化と電池

❶ 電池とイオン

(1) **金属のイオンへのなりやすさ**…金属の種類によって，**イオンへの**
なりやすさにちがいがある。
（▶陽イオン）

●**イオンへのなりやすさ** $Na > Mg > Al > Zn > Fe > Cu > Ag$
（か がくでんち）（▶イオン化傾向という。）

(2) **電池（化学電池）**…**電解質の水溶液に2種類の金属板を入れ，**
（▶化学エネルギーを電気エネルギーに変換する。）
導線でつなぐと電圧が生じることを利用して電流をとり出す。

●イオンになりやすい方の金属が−極となる。

(3) **ダニエル電池**…硫酸亜鉛水溶液に亜鉛板，硫酸銅水溶液に銅板を
入れた電池。2つの水溶液はセロハン膜などで仕切られている。
①−極…亜鉛原子は**電子を失って亜鉛イオン**になり，水溶液中に
とけ出す。
②亜鉛板に残された**電子は導線を通って銅板に移動**。
③＋極…硫酸銅水溶液中の銅イオンは，銅板の表面で電
子を受けとって銅原子になり，銅板に付着する。

重要!

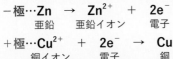

$$-極…Zn \rightarrow Zn^{2+} + 2e^-$$
　　　　亜鉛　　亜鉛イオン　　電子

$$+極…Cu^{2+} + 2e^- \rightarrow Cu$$
　　　　銅イオン　　電子　　　銅

❷ いろいろな電池

(1) **一次電池**…使用するともとにもどらない，使い切りの電池。

(2) **二次電池**…**充電**してくり返し使える電池。
（じゅうでん）（▶外部から逆向きに電流を流して，電圧を回復させる操作。）

(3) **燃料電池**…水の電気分解とは逆の化学変化を利用する電池。**水素**
（ねんりょうでんち）
と酸素が結びつくときに発生する電気エネルギーをとり出す。

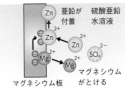
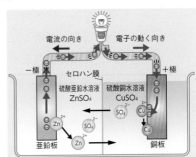

▲ **ダニエル電池**
電子は亜鉛板から銅板へ移動する。

解答はページ下 ✏

(6) 亜鉛，銅，マグネシウムのうち，最もイオンになりやすい金属はどれか。 [　　　　　　]

(7) 電解質の水溶液に2種類の金属板を入れ，電流をとり出す装置を何というか。 [　　　　　　]

(8) ダニエル電池で，電子を失って水溶液中にとけ出すのは［亜鉛　銅］板である。 [　　　　　　]

(9) ダニエル電池で，＋極になっているのは［亜鉛　銅］板である。 [　　　　　　]

(10) 水素と酸素が結びつく化学変化を利用する電池を何というか。 [　　　　　　]

水溶液とイオン

1 　塩化銅水溶液の電気分解

10%塩化銅水溶液200gと炭素棒などを用いて，右の図の
ような装置をつくった。電源装置を使って電圧を加えたとこ
ろ，光電池用プロペラつきモーターが回った。次の問いに答
えなさい。〔兵庫県〕(9点×2)

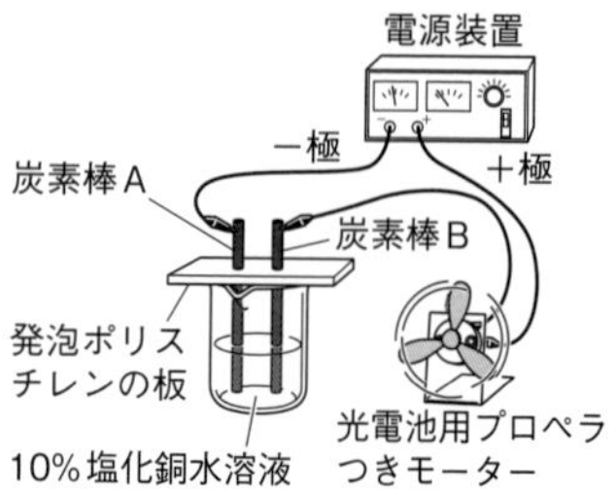

よく出る! (1) 炭素棒A，B付近のようすについて説明した次の文の ①
～ ④ に入る語句の組み合わせとして適切なものをあと
のア～エから1つ選べ。 [　　　　]

> 　光電池用プロペラつきモーターが回ったことから，電流が流れたことがわかる。このとき，
> 炭素棒Aは ① 極となり，炭素棒Bは ② 極となる。また，炭素棒Aでは ③
> し，炭素棒Bでは ④ する。

ア ①陰 ②陽 ③銅が付着 ④塩素が発生

イ ①陰 ②陽 ③塩素が発生 ④銅が付着

ウ ①陽 ②陰 ③銅が付着 ④塩素が発生

エ ①陽 ②陰 ③塩素が発生 ④銅が付着

アドバイス ☞ 電源装置の−極に接続されている方が陰極となる。

ミス注意 (2) 塩化銅が水溶液中で電離しているとき，次の電離を表す式の 　　　 に入るものとして適切な
ものをあとのア～エから1つ選べ。 [　　　　]

$CuCl_2 →$ 　　　　

ア $Cu^+ + Cl^{2-}$ 　　**イ** $Cu^+ + 2Cl^-$ 　　**ウ** $Cu^{2+} + Cl^-$ 　　**エ** $Cu^{2+} + 2Cl^-$

2 　水溶液とイオン，電池

次の問いに答えなさい。 (9点×4)

(1) 電流が流れる水溶液として最も適当なものを，**ア～エ**から選べ。〔佐賀県〕 [　　　　]

ア ショ糖水溶液 　　**イ** エタノール水溶液

ウ 精製水 　　**エ** 塩化ナトリウム水溶液

(2) 原子が電子を失い，＋の電気を帯びたものを 　　　 という。 　　　 にあてはまる語を書け。
〔北海道〕 [　　　　　　　　]

(3) ナトリウムイオンのでき方を説明したものとして最も適当なものを**ア～エ**から1つ選べ。〔千葉県〕 [　　　　]

ア ナトリウム原子が電子を1個失う。

イ ナトリウム原子が電子を2個失う。

ウ ナトリウム原子が電子を1個受けとる。

エ ナトリウム原子が電子を2個受けとる。

(4) 車のバッテリーや携帯電話の電池は，使用して電圧が低下しても，外部から逆向きの電流を流すと低下した電圧が回復し，くり返し使用することができる。このような電池を何というか。次の**ア～ウ**から1つ選べ。〔福島県〕　　　　　　　　　　　　　　　[　　　　　]

ア 一次電池　　　　**イ** 二次電池　　　　**ウ** 燃料電池

3 　電池のしくみ

電池のしくみについて調べるために，次の実験Ⅰ，Ⅱを順に行った。あとの問いに答えなさい。

〔栃木県〕((3)10点，他9点×4)

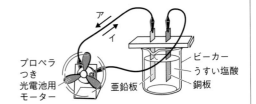

> Ⅰ　図のようにビーカーにうすい塩酸を入れ，亜鉛板と銅板をプロペラつき光電池用モーターにつないだところ，モーターが回った。
>
> Ⅱ　実験Ⅰにおいて，塩酸の濃度や，塩酸とふれる金属板の面積を変えると電圧や電流の大きさが変化し，モーターの回転するようすが変わるのではないかという仮説を立て，次の実験(a), (b)を計画した。
>
> 　(a)　濃度が0.4%の塩酸に塩酸とふれる面積がそれぞれ2 cm² となるよう亜鉛板と銅板を入れ，電圧と電流の大きさを測定する。
>
> 　(b)　濃度が4%の塩酸に，塩酸とふれる面積がそれぞれ4 cm² となるよう亜鉛板と銅板を入れ，電圧と電流の大きさを測定する。

(1) うすい塩酸中の塩化水素の電離を表す式を，化学式を用いて書け。[　　　　　　　　]

(2) 次の　　　　内の文章は，実験Ⅰについて説明したものである。①にあてはまる語と，②，③にあてはまる記号をそれぞれ（　　）の中から選んで書け。

①[　　　　　]　②[　　　]　③[　　　]

> モーターが回ったことから，亜鉛板と銅板は電池の電極としてはたらき，電流が流れたことがわかる。亜鉛板の表面では，亜鉛原子が電子を失い，①（陽イオン・陰イオン）となってうすい塩酸へとけ出す。電極に残された電子は導線からモーターを通って銅板へ流れる。このことから，亜鉛板が電池の②（＋・－）極となる。つまり，電流は図中の③（**ア・イ**）の向きに流れている。

(3) 実験Ⅱについて，実験(a), (b)の結果を比較しても，濃度と面積がそれぞれどの程度，電圧や電流の大きさに影響を与えるかを判断することはできないことに気づいた。塩酸の濃度のちがいによる影響を調べるためには，実験方法をどのように改善したらよいか，簡潔に書け。

[　　　　　　　　　　　　　　　　　　　　　　　　　　　　　　　　　　　]

14 | 酸・アルカリとイオン

必ず出る！要点整理

酸とアルカリ

❶ 酸性・アルカリ性の水溶液

(1) **酸**…電離して水素イオン H^+ を生じる物質。

(2) **アルカリ**…電離して水酸化物イオン OH^- を生じる物質。

〈重要！〉

酸 → H^+ + 陰イオン　　**アルカリ → 陽イオン + OH^-**

(3) **酸性・中性・アルカリ性の水溶液の比較**

	酸性	中性	アルカリ性
H^+ と OH^-	H^+ がある	ない	OH^- がある
リトマス紙	青色→赤色	変化しない	赤色→青色
BTB溶液	黄色	緑色	青色
フェノールフタレイン溶液	無色	無色	赤色
マグネシウムとの反応	水素発生	変化しない	変化しない
pH	0 1 2 3 4 5 6　強い ⟷ 弱い	7	8 9 10 11 12 13 14　弱い ⟷ 強い

(4) **pH**…酸性やアルカリ性の強さを数値で表したもの。pH7 が中性。
7 より小さいほど酸性が強く，7 より大きいほどアルカリ性が強い。　❶ 0～14 までの数値

❷ イオンの移動

(1) **塩酸に電圧を加える**

①塩化水素の電離…$HCl → H^+ + Cl^-$

② H^+ は**陰極**へ，Cl^- は**陽極**へ移動する。

(2) **水酸化ナトリウム水溶液に電圧を加える**

①水酸化ナトリウムの電離…$NaOH → Na^+ + OH^-$

② Na^+ は**陰極**へ，OH^- は**陽極**へ移動する。

塩化水素の中のイオン　水酸化ナトリウム水溶液の中のイオン

▲ 塩化水素と水酸化ナトリウムの電離

くわしく！

おもな酸とアルカリ

● **酸**
塩化水素 HCl
硫酸 $H_2SO_4 → 2H^+ + SO_4^{2-}$
硝酸 $HNO_3 → H^+ + NO_3^-$

● **アルカリ**
水酸化ナトリウム $NaOH$
水酸化バリウム
$Ba(OH)_2 → Ba^{2+} + 2OH^-$
水酸化カリウム
$KOH → K^+ + OH^-$

くわしく！

酸と金属の反応

塩酸にマグネシウムを入れると，マグネシウムと H^+ が反応し，水素が発生する。

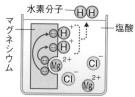

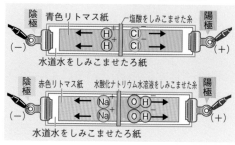

▲ 塩酸，水酸化ナトリウム水溶液に電圧を加えたとき

塩酸では赤色が陰極へ，水酸化ナトリウム水溶液では青色が陽極へ移動する。

基礎力チェック問題

(1) 水にとけると電離して水素イオンを生じる物質を何というか。　[　　　]

(2) アルカリは電離して何イオンを生じる物質か。　[　　　]

(3) 酸性の水溶液は BTB 溶液を何色に変えるか。　[　　　]

(4) pH の値が 7 より大きいほど [酸性　アルカリ性] が強い。　[　　　]

(5) 塩酸に電圧を加えると，水素イオンは [陽極　陰極] へ移動する。　[　　　]

酸とアルカリの反応

❶ 中和と塩(えん)

(1) **中和**…酸の H^+ とアルカリの OH^- が結びついて**水 H_2O** ができ，酸とアルカリの性質をたがいに打ち消す反応。

重要!

$$H^+ + OH^- → H_2O$$
水素イオン　水酸化物イオン　　水

(2) **塩**…酸の**陰イオン**とアルカリの**陽イオン**が結びついた物質。

酸＋アルカリ→塩＋水

①**塩酸と水酸化ナトリウム水溶液の中和**…水にとけやすい<u>塩化ナトリウム</u>ができる。　　$HCl + NaOH → NaCl + H_2O$

● 水を蒸発させると結晶が得られる。

②**硫酸と水酸化バリウム水溶液の中和**…硫酸バリウムの沈殿(ちんでん)ができる。　　$H_2SO_4 + Ba(OH)_2 → BaSO_4 + 2H_2O$

(3) **中和と熱**…中和は**発熱反応**である。

❷ 中性になるときのイオンの数の関係

● 酸の水溶液中の H^+ の数とアルカリの水溶液中の OH^- の数が**等しい**とき，混合液は**中性**になる。

①右図で<u>A液</u>の体積を2倍にしたとき，これを
● 塩酸
中和して中性にする<u>B液</u>の体積は2倍になる。
● 水酸化ナトリウム水溶液
②右図でA液の濃度を2倍にしたとき，これを中和して中性にするB液の体積は2倍になる。

▲ 塩酸と水酸化ナトリウム水溶液の中和　中性になるまで中和が続く。

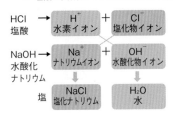

▲ 塩のでき方

HCl 塩酸 → H^+ 水素イオン ＋ Cl^- 塩化物イオン

$NaOH$ 水酸化ナトリウム → Na^+ ナトリウムイオン ＋ OH^- 水酸化物イオン

$NaCl$ 塩化ナトリウム　　　　H_2O 水

(!) **注意**

中和と中性

中和が起こっていても，水溶液中に H^+ や OH^- があれば中性ではない。

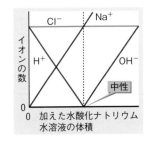

▲ 塩酸と水酸化ナトリウム水溶液の中和とイオンの数の変化

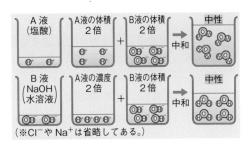

▲ 水溶液の体積・濃度と中和
（例：塩酸と水酸化ナトリウム水溶液の中和）

解答はページ下 ✏

(6) 水素イオンと水酸化物イオンが結びついて水ができる反応を何というか。[　　　　　　]

(7) 酸の陰イオンとアルカリの陽イオンが反応してできる物質を何というか。[　　　　　　]

(8) 塩酸と水酸化ナトリウム水溶液の中和でできる塩は何か。[　　　　　　]

(9) 硫酸と水酸化バリウム水溶液の中和でできる塩は何か。[　　　　　　]

(10) 2つの水溶液中の H^+ の数と OH^- の数がそれぞれ等しいとき,混合液は何性になるか。[　　　　　　]

酸・アルカリとイオン

1 酸・アルカリとイオン

右の図のように，電流を流れやすくするために中性の水溶液をしみこませたろ紙の上に，青色リトマス紙A，Bと赤色リトマス紙C，Dを置いたあと，うすい水酸化ナトリウム水溶液をしみこませた糸を置いて，電圧を加えた。しばらくすると，赤色のリトマス紙Dだけ色が変化し，青色になった。この実験について，次の問いに答えなさい。〔愛媛県〕(7点×4)

〔AとBは青色リトマス紙，CとDは赤色リトマス紙〕

よく出る！ (1) 水酸化ナトリウムのような電解質が，水にとけて陽イオンと陰イオンに分かれる現象を □ という。 □ にあてはまる適当な言葉を書け。 [   ]

よく出る！ (2) 次の文の①，②の｛   ｝の中から，それぞれ適当なものを記号で選べ。

①[   ] ②[   ]

実験で，赤色リトマス紙が変化したので，水酸化ナトリウム水溶液はアルカリ性を示す原因となるものをふくんでいることがわかる。また，赤色リトマス紙は陽極側で色が変化したので，色を変化させたものは①｛**ア** 陽イオン　**イ** 陰イオン｝であることがわかる。これらのことから，アルカリ性を示すもとになるものは②｛**ウ** ナトリウムイオン　**エ** 水酸化物イオン｝であると確認できる。

(3) うすい水酸化ナトリウム水溶液を，ある酸性の水溶液に変えて同じ方法で実験を行うと，リトマス紙A〜Dのうち，1枚だけ色が変化した。色が変化したリトマス紙をA〜Dから選べ。

[   ]

2 中和とイオン

酸の水溶液とアルカリの水溶液を混ぜ合わせたときの反応を調べるために，次の実験を行った。あとの問いに答えなさい。〔群馬県〕(8点×7)

> ［実験］ うすい塩酸6 cm³をビーカーに入れ，BTB溶液を数滴加えた。次に，こまごめピペットを用いて塩酸と同じ濃度の水酸化ナトリウム水溶液を少しずつビーカーの中に加えていき，加えた体積とビーカー内の水溶液の色の変化を観察すると，6 cm³加えたところで水溶液は緑色になった。その後，水酸化ナトリウム水溶液を水溶液の色の変化がなくなるまで加え続けた。

(1) この実験において，水酸化ナトリウム水溶液を加え始めてから加え終えるまでの，ビーカー内の水溶液の色の変化を表すように， ① ～ ③ にあてはまるものを**ア**〜**ウ**から選べ。

①[   ] ②[   ] ③[   ]

| ① | → | ② | → | ③ |

ア 緑色　　**イ** 黄色　　**ウ** 青色

(2) 右の図は，実験のようすを，塩酸と少量の水酸化ナトリウム水溶液にふくまれるイオンをモデルを用いて表したものである。ただし，水酸化ナトリウム水溶液を加える前とあとの個数は，反応した数をもとにかかれている。また，電解質はすべて電離し，水は電離していないものとして考える。

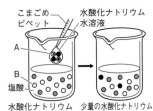

① 図の**A**と**B**が示すイオンを化学式で書け。

A [   ] B [   ]

② 水酸化ナトリウム水溶液を 9 cm³ 加えたとき，ビーカーの中にふくまれるイオンの総数は何個か。ただし，塩酸 1 cm³ にふくまれるイオンの総数と水酸化ナトリウム水溶液 1 cm³ にふくまれるイオンの総数をそれぞれ $2a$ 個とする。 [   ]

👁 ミス注意
③ 塩酸の濃度と体積は変えずに，水を加えて濃度を $\frac{1}{2}$ 倍にした水酸化ナトリウム水溶液を用いて同じ実験を行ったとする。15 cm³ の水酸化ナトリウム水溶液を加えていったときの，加えた水酸化ナトリウム水溶液の体積とビーカー内の**B**が示すイオンの数の関係を表すグラフとして最も適切なものを**ア**〜**エ**から選べ。 [   ]

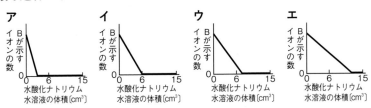

(アドバイス) ☞ 濃度が 2 分の 1 になると，同じ体積中にふくまれるイオンの数も 2 分の 1 になる。

---

3 硫酸と水酸化バリウム水溶液の中和

次の実験について，あとの問いに答えなさい。 〔山口県〕(8点×2)

① うすい硫酸をビーカーに入れた。

② ①のビーカーにこまごめピペットでうすい水酸化バリウム水溶液を少しずつ加えた。

右の図は，[実験] の②の操作をモデルで示したものである。図のように，水素イオン⊕が 6 個存在する硫酸に，水酸化物イオン⊖が 4 個存在する水酸化バリウム水溶液を加えたとする。このとき，反応後にビーカーに残っている「バリウムイオン」と「硫酸イオン」の数はいくつになるか。次の**ア**〜**キ**からそれぞれ選べ。

水酸化バリウム水溶液にふくまれているバリウムイオンと，硫酸にふくまれている硫酸イオンは，示していない。

ア 0個　　**イ** 1個　　**ウ** 2個　　**エ** 3個

オ 4個　　**カ** 5個　　**キ** 6個

バリウムイオン [   ] 硫酸イオン [   ]

(アドバイス) ☞ バリウムイオンと硫酸イオンが結びついて硫酸バリウムの沈殿ができる。

PART 15 植物のつくり

必ず出る！要点整理

身のまわりの生物の観察

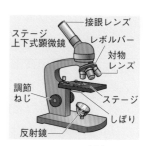

▲ 顕微鏡の各部分の名称

接眼レンズ
ステージ上下式顕微鏡
レボルバー
対物レンズ
調節ねじ
ステージ
しぼり
反射鏡

❶ ルーペ・顕微鏡の使い方

(1) **ルーペの使い方**…ルーペを**目に近づけて持ち**，観察するものを前
● レンズと目が平行になるようにする。
後に動かしてピントを合わせる。
● 観察するものが動かせないときルーペを目に近づけてまま自分が動く。

(2) **双眼実体顕微鏡**…観察するものを**立体的**に見ることができる。
● プレパラートをつくる必要がない。

(3) **顕微鏡の使い方**

①はじめは対物レンズを最も**低倍率**のものにする。
● 観察するものを見つけやすくするため。

②**顕微鏡のピントの合わせ方**…接眼レンズをのぞいて，プレパラートと対物レンズを**遠ざけながら**行う。

(4) **顕微鏡の倍率＝接眼レンズの倍率×対物レンズの倍率**

●高倍率にすると，見える範囲が**せまく**なり，明るさは**暗く**なる。

!注意

像の動かし方

像の上下左右が実物と逆になる顕微鏡では，動かしたい向きとは逆向きにプレパラートを動かす。

右に寄せるには？　　　左に動かす。

像を移動させる向き　　プレパラート

❷ 水中の小さな生物

● **緑色**の生物（アオミドロ，ミカヅキモなど）や，**動く**生物（ゾウリムシ，ミジンコなど）がいる。ミドリムシは緑色で動く。

花のつくり

❶ 花のつくり（被子植物の例）

(1) 花の外側から，**がく，花弁，おしべ，めしべ**がある。

(2) めしべの根もとの**子房**の中に**胚珠**がある。

(3) **受粉**…おしべのやくの中にある花粉がめしべの柱頭につくこと。

重要！(4) **受粉後の変化**…胚珠は**種子**に，子房は**果実**になる。

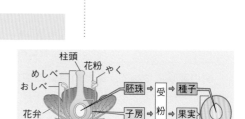

柱頭
花粉
めしべ　　やく
おしべ　　　　　胚珠 ⇒ 受 ⇒ 種子
花弁　　　　　　子房 ⇒ 粉 ⇒ 果実
がく

▲ 花のつくりと種子・果実

❷ マツの花のつくり（裸子植物の例）

(1) **マツの花のつくり**…花弁やがくはない。

①**雌花**…りん片に**胚珠**がむき出しでついている。

②**雄花**…りん片に**花粉のう**がついている。

(2) **種子のでき方**…花粉が直接胚珠について受粉すると，胚珠が種子になり，雌花はまつかさになる。

雌花
胚珠
りん片
（内側）

雄花
りん片
花粉のう
風で運ばれる。
（外側）
花粉
空気の入った袋

▲ マツの花のつくり

❸ 種子植物

(1) **種子植物**…種子をつくってふえる。被子植物と裸子植物がある。

(2) **被子植物**…**胚珠が子房の中**にある。アブラナ，トウモロコシなど。

(3) **裸子植物**…子房がなく，**胚珠がむき出し**。マツ，イチョウなど。

⚠ 注意

裸子植物

裸子植物には子房がないので，果実はできない。種子だけができる。

葉・根のつくり

❶ 子葉のようす

(1) **単子葉類**…子葉が1枚の被子植物。トウモロコシ，ツユクサなど。

(2) **双子葉類**…子葉が2枚の被子植物。アブラナ，ツツジなど。

❷ 葉のつくり

(1) **葉脈**…葉にあるすじ。

 重要！

(2) **葉脈のようす**…平行になっている**平行脈**（単子葉類）と網目状の**網状脈**（双子葉類）がある。

平行脈　　　網状脈

単子葉類　　双子葉類

▲ 葉脈のようす

❸ 根のつくり

 重要！

根の形…**ひげ根**（単子葉類）と**主根と側根**（双子葉類）がある。
▶太い根　▶主根から出る細い根

単子葉類　　　双子葉類

ひげ根　　　　主根／側根

▲ 根のようす

🅠 基礎力チェック問題

解答はページ下 ✏

(1) ルーペで観察するとき，［ルーペ　観察するもの］を前後に動かす。　［　　　　　　］

(2) 10倍の接眼レンズと20倍の対物レンズを使った顕微鏡の倍率は何倍か。　［　　　　　　］

(3) 顕微鏡の倍率を高くすると，視野の明るさは［明るくなる　暗くなる］。　［　　　　　　］

(4) ミジンコとミカヅキモで，緑色の生物はどちらか。　［　　　　　　］

(5) おしべの花粉がめしべの柱頭につくことを何というか。　［　　　　　　］

(6) (5)が行われたあと，子房と胚珠はそれぞれ何になるか。　［　　　，　　　］

(7) 子房がなく，胚珠がむき出しなのは［被子植物　裸子植物］である。　［　　　　　　］

(8) 葉にあるすじを何というか。　［　　　　　　］

(9) 単子葉類の(8)は［網状脈　平行脈］である。　［　　　　　　］

(10) 双子葉類の根は［主根と側根　ひげ根］である。　［　　　　　　］

PART
15

植物のつくり

1　花のつくり

美香さんは，花のつくりとはたらきに興味をもち，いくつかの花について調べた。次の問いに答えなさい。〔山形県〕(10点×2)

👁 ミス注意 (1)　美香さんは花のつくりについて調べるために，タンポポを観察し，スケッチした。図1はタンポポをスケッチしたものである。観察した結果，タンポポは，たくさんの小さい花が集まってできていることがわかった。

図1

次は，図1のタンポポをとり，手に持って観察するときのルーペの使い方について述べたものである。　a ， b にあてはまる言葉の組み合わせとして最も適切なものを**ア～エ**から1つ選べ。　　　　　　　　　　　[　　　]

> はじめに，ルーペを　a　に持つ。次に　b　を動かして，よく見える位置をさがす。

ア　a．目に近づけて　b．ルーペ　　　**イ**　a．目に近づけて　b．タンポポ

ウ　a．目から遠ざけて　b．ルーペ　　**エ**　a．目から遠ざけて　b．タンポポ

(2)　図2は，タンポポの小さい花の1つをスケッチしたものである。美香さんは，**A**の部分が変化して綿毛になると考えた。**A**の部分は，花のつくりにおいて何とよばれるか。

[　　　　　　　　]

図2
めしべ　花弁(かべん)
A

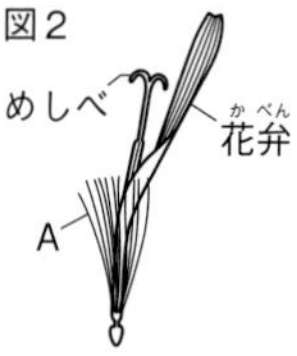

2　顕微鏡の使い方

図のような顕微鏡(けんびきょう)で観察するときの操作として，次のア～エを正しい手順に並べ，記号を書きなさい。〔佐賀県〕(10点)

[　　　→　　　→　　　→　　　]

ア　プレパラートをステージにのせ，クリップで固定する。

イ　接眼レンズをのぞきながら反射鏡の角度を調節して，視野全体が一様に明るくなるようにする。

ウ　接眼レンズをのぞきながら調節ねじを回して，対物レンズとプレパラートを離(はな)していき，ピントが合ったら止める。

エ　横から見ながら調節ねじを少しずつ回し，対物レンズとプレパラートをできるだけ近づける。

3　アブラナとマツの花のつくり

植物のからだのつくりの特徴(とくちょう)について，学校周辺にある植物を観察したり資料で調べたりした。図は，アブラナの花とマツの花についてまとめたものである。次の問いに答えなさい。

〔秋田県・改〕(10点×5)

図

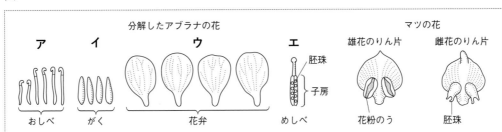

分解したアブラナの花　　　　　　　　　マツの花

ア　　**イ**　　　　**ウ**　　　　**エ**　　　雄花のりん片　　雌花のりん片

胚珠
子房

おしべ　　がく　　　　　花弁　　　　めしべ　　　花粉のう　　　胚珠

・アブラナの花は，<u>花弁が1枚ずつ分かれている。</u>マツの雄花，雌花には花弁がない。
　　　　　　　　　a　はいしゅ　しぼう　　おばな　めばな
・アブラナの花の胚珠は子房の中にある。マツの花の胚珠はむき出しである。

(1) アブラナの花は，花の外側から中心に向かってどのような順に構成されているか。図の**ア〜エ**を順に並べて記号を書け。

[　　　　→　　　　→　　　　→　　　　]

(2) 下線部 **a** のような花弁をもつ花を何というか。

[　　　　　　　　]

(3) 図の特徴にもとづいた分類について説明した次の文が正しくなるように，**P〜R**にあてはまる語句を下の**ア〜ウ**から1つずつ選べ。

P[　　] Q[　　] R[　　]

> （　**P**　）の有無に着目すると，アブラナとマツは異なるグループに分類される。しかし，（　**Q**　）に着目すると，どちらも受粉後に（　**Q**　）が成長して（　**R**　）になるため同じグループに分類される。
> じゅふん

ア 胚珠　　**イ** 子房　　**ウ** 種子
　　はいしゅ　　　　しぼう　　　　しゅし

4 植物のからだのつくり

次の問いに答えなさい。 (10点×2)

(1) ヒマワリは双子葉類である。一般的に，双子葉類は単子葉類とちがい，中心に太い根と，そこから枝分かれした細い根をもつという特徴がある。この枝分かれした細い根を何というか。〔岡山県〕
そうしようるい　　　いっぱん　　たんしようるい

[　　　　　　　　]

(2) ツバキの葉と同じように，葉脈が網状脈になっている植物として適切なものを**ア〜オ**からすべて選べ。〔大分県〕
ようみゃく　もうじょうみゃく

[　　　　　　　　]

ア エンドウ　　**イ** イネ　　**ウ** ツユクサ

エ タンポポ　　**オ** アブラナ

アドバイス ☞ 葉脈が網状脈になっているのは双子葉類。

PART

16 ｜ 植物と動物の分類

必ず出る！要点整理

植物の分類

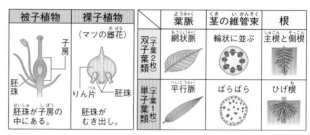

▲ 被子植物と裸子植物，単子葉類と双子葉類のちがい

❶ 種子植物

(1) **種子植物**…**被子植物**と**裸子植物**に分けられる。

(2) **被子植物**…**単子葉類**と**双子葉類**に分けられる。

　● 双子葉類は，花弁がくっついている**合弁花類**と花弁が離れている**離弁花類**に分けることもある。

❷ 種子をつくらない植物

(1) **種子をつくらない植物**…シダ植物やコケ植物がある。胞子でふえる。

　● 胞子は，胞子のうの中にできる。

(2) **シダ植物**…**根・茎・葉の区別がある。**茎は地下にあるものが多い。

　● 地下茎という。

(3) **コケ植物**…**根・茎・葉の区別がない。**からだの表面全体から水を吸収。雌株と雄株があるものが多く，胞子のうは雌株にできる。

　● **仮根**…からだを地面に固定する。

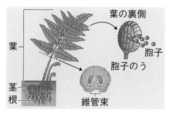

▲ シダ植物のからだのつくり

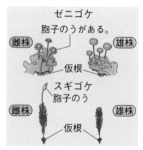

▲ コケ植物のからだのつくり

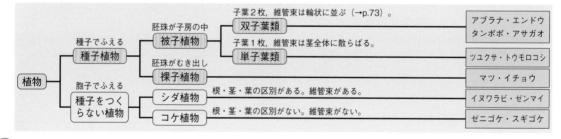

▲ 植物の分類

Q. 基礎力チェック問題

(1) 種子植物は，裸子植物と何植物に分けられるか。　　　　　　　　[　　　　　]

(2) 被子植物で，子葉が1枚であるのは［単子葉類　双子葉類］である。　[　　　　　]

(3) 被子植物で，葉脈が網状脈であるのは［単子葉類　双子葉類］である。[　　　　　]

(4) シダ植物やコケ植物は何をつくってなかまをふやすか。　　　　　　[　　　　　]

(5) 根・茎・葉の区別があるのは［シダ植物　コケ植物］である。　　　[　　　　　]

植物の分類のポイントと脊椎動物（せきついどうぶつ）の特徴（とくちょう）をおさえよう！

動物の分類

❶ 脊椎動物

(1) **脊椎動物**…背骨を中心とする骨格をもつ動物。**魚類（ぎょるい），両生類（りょうせいるい），は虫類（ちゅうるい），鳥類（ちょうるい），哺乳類（ほにゅうるい）**の5種類がある。

重要！ (2) **卵生（らんせい）**…卵（らん）を産んでなかまをふやすふやし方。魚類，両生類，は虫類，鳥類。

(3) **胎生（たいせい）**…子を母親の体内である程度育ててから産むふやし方。哺乳類だけ。

	魚類	両生類	は虫類	鳥類	哺乳類
ふえ方	卵生				胎生
	殻（から）のない卵を水中に産む		殻のある卵を陸上に産む		
産卵（子）数	多い ⟵			⟶ 少ない	
呼吸	えら	子…えら・皮膚（ひふ） 親…肺・皮膚	肺		
体表	うろこ	しめった皮膚	うろこ	羽毛	毛
なかま	フナ，メダカ，カツオ，サメ	カエル，イモリ，サンショウウオ	トカゲ，カメ，ヤモリ，ワニ	ハト，スズメ，ペンギン	ヒト，サル，イヌ，イルカ，コウモリ

▲ 脊椎動物の特徴

❷ 無脊椎動物（むせきついどうぶつ）

(1) **無脊椎動物**…背骨をもたない動物。

(2) **節足動物（せっそくどうぶつ）**…からだが殻（**外骨格**（がいこっかく））でおおわれ，からだやあしに**節**（ふし）がある。

(3) **軟体動物（なんたいどうぶつ）**…からだに節がなく，内臓が**外とう膜**（がいまく）でおおわれる。タコやイカ，貝のなかまなど。

昆虫類（トノサマバッタ）
頭部　胸部　腹部
はね
気門
あし

甲殻類（イセエビ）
複眼
尾（お）
頭胸部　　腹部

▲ 昆虫類（こんちゅうるい）と甲殻類（こうかくるい）

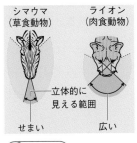

よく出る！

草食動物と肉食動物の見える範囲（はんい）のちがい

シマウマ（草食動物）　　ライオン（肉食動物）

立体的に見える範囲

せまい　　　　　広い

発展

変温動物（へんおんどうぶつ）と恒温動物（こうおんどうぶつ）

まわりの温度変化によって体温が変化する動物を変温動物（魚類，両生類，は虫類），体温を一定に保つ動物を恒温動物（鳥類，哺乳類）という。

くわしく！

節足動物

昆虫類…からだが頭部・胸部・腹部の3つに分かれ，胸部に6本のあしがある。気門（きもん）から空気をとり入れる。

甲殻類…多くは水中で生活し，えら呼吸。エビ，カニなど。

注意

貝のなかまは軟体動物

貝殻は外とう膜から出された炭酸カルシウムでできたもので，節足動物がもつような外骨格ではない。

解答はページ下

(6) 背骨を中心とした骨格をもつ動物を何というか。　［　　　　　　　　］

(7) 卵を産んでなかまをふやすふやし方を何というか。　［　　　　　　　　］

(8) 子を母親の体内である程度育ててから産むふやし方を何というか。　［　　　　　　　　］

(9) 脊椎動物で，(8)のふえ方をするのは何類か。　［　　　　　　　　］

(10) 無脊椎動物で，昆虫やエビ，カニなどのなかまを何動物というか。　［　　　　　　　　］

A。(1) 種子植物　(2) 単子葉類　(3) 双子葉類　(4) 胞子　(5) シダ植物　(6) 脊椎動物　(7) 卵生　(8) 胎生　(9) 哺乳類　(10) 節足動物

69

PART 16 植物と動物の分類

---

1 植物の分類

右の図は，さまざまな植物を，からだのつくりやふえ方の特徴をもとになかま分けしたものである。問いに答えなさい。

〔香川県〕(8点×5)

```
                              ┌─ 葉・茎・根のようす ─┬─ サクラ，アブラナなど
                              │                    └─ トウモロコシ，イネなど
          ┌─ 胚珠のようす ────┤
          │                  └─────────────────── イチョウ，マツなど
子孫をふやす方法 ─┤
          └─────────── 葉・茎・根のようす ─┬─ イヌワラビ，ゼンマイなど
                                          └─ ゼニゴケ，スギゴケなど
```

(1) 次の文は，図中に示した子孫をふやす方法について述べようとしたものである。文中の □□□ にあてはまる最も適当な言葉を書け。　　　　　　　　　　　[　　　　　　]

> 　植物には，サクラ，トウモロコシ，イチョウなどのように種子をつくって子孫をふやすものと，イヌワラビやゼニゴケなどのように種子をつくらず □□□ をつくって子孫をふやすものがある。

👁 ミス注意 (2) 図中のサクラにできた「さくらんぼ」は，食べることができる。また，図中のイチョウは，秋ごろになると，雌花のある木にオレンジ色の粒ができるようになる。この粒は，イチョウの雌花が受粉したことによってできたものであり，乾燥させたあと，中身をとり出して食べられるようになるものを「ぎんなん」という。次の文は，「さくらんぼ」と「ぎんなん」のつくりのちがいについて述べようとしたものである。文中のP～Sの □□□ 内にあてはまる言葉の組み合わせとして，最も適当なものを表のア～エから1つ選べ。　　　　　[　　　　　　]

> 　「さくらんぼ」の食べている部分は P が成長した Q であり，「ぎんなん」の食べている部分は R が成長した S の一部である。

	P	Q	R	S
ア	子房	果実	胚珠	種子
イ	子房	種子	胚珠	果実
ウ	胚珠	果実	子房	種子
エ	胚珠	種子	子房	果実

(3) 次のア～エのうち，図中のアブラナとトウモロコシのからだのつくりについて述べたものとして最も適当なものを1つ選べ。　　　　　　　　　　　[　　　　　　]

ア　茎の維管束はアブラナは散らばっており，トウモロコシは輪の形に並んでいる。
イ　アブラナの子葉は1枚であり，トウモロコシの子葉は2枚である。
ウ　アブラナの葉脈は網目状であり，トウモロコシの葉脈は平行である。
エ　アブラナはひげ根をもち，トウモロコシは主根と側根をもつ。

👁 ミス注意 (4) 次の文は，図中のイヌワラビとゼニゴケのからだのつくりについて述べようとしたものである。文中の〔　　　〕内にあてはまる言葉をア，イから1つ，ウ，エから1つそれぞれ選べ。　　　　　　　　　　　[　　]〔 　　]

> 　イヌワラビには葉・茎・根の区別が〔ア　あり　イ　なく〕，ゼニゴケには維管束が〔ウ　ある　エ　ない〕。

	時間:	30 分	配点:	100 点	目標:	80 点

解答: 別冊 p.14　　得点:　　　　点

2　脊椎動物の特徴

右の表は，Kさんが一般的な脊椎動物の特徴をまとめている途中のものであり，A〜Eは，魚類，両生類，は虫類，鳥類，哺乳類のいずれかである。A〜Eに関する説明として最も適するものをあとのア〜オから1つ選びなさい。〔神奈川県〕(9点)

	A	B	C	D	E
背骨がある	○	○	○	○	○
親は肺で呼吸する				○	×
子は水中で生まれる			○	×	○
体温を一定に保つことができる	○	×		×	
胎生である	×	×		×	

[　　　]

ア Aのからだの表面は体毛でおおわれ，肺で呼吸する。

イ Bのからだの表面はうろこでおおわれて乾燥しており，親は陸上で生活する。

ウ Cのからだの表面は羽毛でおおわれ，空を飛ぶのに適したからだのつくりをしている。

エ Dのからだの表面は常にしめっており，親は陸上で生活する。

オ Eのからだの表面はうろこでおおわれ，えらで呼吸する。

3　動物の特徴

次の問いに答えなさい。〔広島県〕(8点×3)

(1) 無脊椎動物のなかまには軟体動物がいる。軟体動物のからだの特徴を右の**ア**，**イ**から選べ。また，右の**ウ**〜**キ**の中で軟体動物はどれか。すべて選べ。

からだの特徴	**ア** 外骨格	**イ** 外とう膜	
生物名	**ウ** バッタ	**エ** アサリ	**オ** クモ
	カ イカ	**キ** メダカ	

からだの特徴[　　　]　軟体動物のなかま[　　　]

よく出る! (2) 次の**ア**〜**オ**の脊椎動物のなかまで，殻のない卵を産むなかまをすべて選べ。

ア 哺乳類　　**イ** 鳥類　　**ウ** は虫類　　　　　　[　　　]

エ 両生類　　**オ** 魚類

4　両生類・は虫類と哺乳類

両生類・は虫類と哺乳類について，次の問いに答えなさい。(9点×3)

(1) 次の文は，トカゲとイモリのちがいについて述べようとしたものである。文中の〔　　〕内にあてはまる言葉を**ア**，**イ**から1つ，**ウ**，**エ**から1つ選べ。〔香川県〕　[　　][　　]

> トカゲは，〔**ア** しめった皮膚　**イ** うろこ〕でおおわれています。また，卵にもちがいがあり，トカゲは〔**ウ** 殻のある　**エ** 殻のない〕卵を産みます。

よく出る! (2) 哺乳類のウサギは，子宮内で酸素や栄養分を子に与え，ある程度成長させてから子を産む。このようななかまのふやし方を何というか。〔徳島県〕　[　　　]

PART 17 ｜ 植物のつくりとはたらき

必ず出る！要点整理

光合成と呼吸

❶ 光合成のはたらき

● 光合成…植物が光を受けて，**デンプンなどの栄養分（有機物）**を
つくるはたらき。植物の細胞の中にある**葉緑体**で行われる。
◉ p.76
①光合成に必要なもの…**光，葉緑体，二酸化炭素，水**が必要。
②光合成でできる物質…**デンプン（有機物）と酸素。**
◉ デンプンは水にとけやすい物質に変わって，師管を通って各部分に運ばれる。

❷ 光合成と呼吸の関係

(1) **呼吸**…デンプン（栄養分）を酸素によって分解し，生命活動に必
要なエネルギーをとり出すはたらき。物質の出入りが光合成と逆。

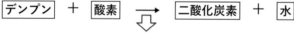

(2) **光合成と呼吸の関係**…光合成は**昼間**だけ，呼吸は**1日中**行われる。
①**昼**…光合成で出される酸素の量＞呼吸で消費される酸素の量
→全体として二酸化炭素を吸収して**酸素を放出。**
②**夜**…呼吸だけ行われる。→酸素を吸収して**二酸化炭素を放出。**

光合成の実験

①葉にデンプンがあるかどう
かをヨウ素液で確かめる。

脱色してヨウ素液につける。

②二酸化炭素が使われるか石
灰水で確かめる。

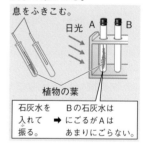

③二酸化炭素が使われるか
BTB溶液で確かめる。

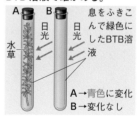

**基礎力
チェック
問題**

(1) 植物が光を受けてデンプンなどの栄養分をつくるはたらきを何というか。　[　　　　　]

(2) おもに植物の葉の細胞の中にあり，光合成を行う部分を何というか。　[　　　　　]

(3) 光合成に必要となる物質は水と何か。　[　　　　　]

(4) デンプンを酸素で分解し，エネルギーをとり出すはたらきを何というか。　[　　　　　]

(5) 昼間，植物からは［二酸化炭素　酸素］が多く放出される。　[　　　　　]

根・茎・葉のつくり

❶ 根・茎のつくり

(1) **根毛**…根の先端付近にあり，水や水にとけた養分を吸収する。

●根の**表面積が大きく**なり，水や養分を効率よく吸収できる。

(2) **維管束**…**道管**の束と**師管**の束の集まり。根から茎を通って葉につながっている。

重要！
(3) **道管**…根から吸収した**水**などの通路。

(4) **師管**…葉でできた**栄養分**の通路。

❷ 葉のつくりと蒸散

(1) **葉脈**…葉の維管束。

(2) **気孔**…三日月形の細胞（**孔辺細胞**）に囲まれたすきま。葉の裏側に多い。

●光合成や呼吸での**二酸化炭素**，酸素の出入り口，蒸散での**水蒸気**の出口となる。

(3) **蒸散**…植物のからだから，水が**水蒸気となって出ていく**こと。**気孔**で行われる。

●蒸散によって，根からの水の吸収（**吸水**）がさかんになる。

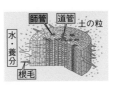

▲ 根のつくり

▲ 茎のつくり

▲ 葉のつくり

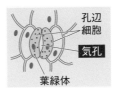

▲ 気孔のつくり

よく出る！

茎の維管束の並び方

単子葉類は茎全体に散らばり，双子葉類は輪状に並んでいる。どちらも維管束の内側に道管，外側に師管がある。

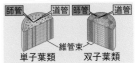

参考

道管と師管の見分け方

茎の維管束の内側にあるのが**道管**，外側にあるのが師管である。「**うちの水道管**」（内側が水の通る道管）とつかんでおこう。

また，葉脈では**道管**が葉の表側，**師管**が裏側にある。茎と葉の維管束のつながりをイメージしておこう。

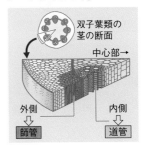

解答はページ下

(6) 根から吸収した水などが通る管を何というか。 [　　　　　　　]

(7) (6)や師管が束になって集まっている部分を何というか。 [　　　　　　　]

(8) 茎で(7)が輪状に並んでいるのは［単子葉類　双子葉類］である。 [　　　　　　　]

(9) 葉の裏側に多くあり，三日月形の細胞に囲まれたすきまを何というか。 [　　　　　　　]

(10) 植物のからだから，水が水蒸気となって出ていくことを何というか。 [　　　　　　　]

高校入試実戦力アップテスト

PART 17

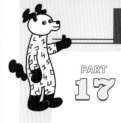

植物のつくりとはたらき

1 植物のからだのつくり

次の問いに答えなさい。(7点×5)

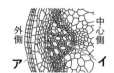

外側
中心側
ア
イ

よく出る! (1) 右図はホウセンカの茎を輪切りにしたもののスケッチである。葉でつくられたデンプンは水にとけやすい物質に変わり，維管束を通って植物のからだ全体に運ばれる。維管束のうち，葉でつくられたデンプンが水にとけやすい物質に変わって通る部分の名称を書け。また，その部分は図のどの位置にあるか。**ア**，**イ**から選べ。〔山口県〕　名称[　　　　]　記号[　　]

(2) 植物の吸水について調べるため，図1のように，根のついた植物を色水の入った三角フラスコにさして，光が十分に当たる場所に置いた。数時間後，茎の断面と葉を観察したところ，図2，図3のように染色された部分が見られた。また，根を観察すると，図4のような根毛が見られた。

〔秋田県・改〕

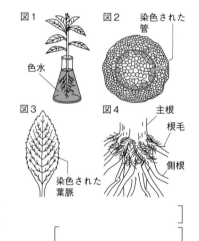

図1
色水
図2
染色された管
図3
染色された葉脈
図4
主根
根毛
側根

① 維管束が図2のように並んでいる植物を**ア**～**エ**から1つ選べ。　[　　]

ア　アブラナ　　**イ**　ツユクサ

ウ　イネ　　**エ**　トウモロコシ

② 根毛があることによって，何が広くなるか。　[　　　　]

よく出る! ③ 維管束にある管のうち水が通る管を何というか。　[　　　　]

2 光合成と呼吸

みずきさんは，くもりの日も植物が光合成をしているのかという疑問をもち，試験管A～Eを用いて次の実験を行った。あとの問いに答えなさい。〔山梨県〕(7点×7)

〔実験〕 ① 水をビーカーに入れ，その中にBTB溶液を少量入れると青色になった。この溶液に息をふきこんで緑色にした。

② 5本の試験管**A**～**E**を用意し，ほぼ同じ大きさの水草を**B**，**C**，**E**の試験管にそれぞれ入れた。①で緑色にしたBTB溶液をすべての試験管に入れ，すぐにゴム栓でふたをした。

③ 図のようにして，**C**はくもりの日と同じような条件になるように，ガーゼで試験管全体をおおった。また，**D**と**E**はアルミニウムはくで試験管の全体をおおった。5本の試験管を光が十分に当たる場所に数時間置いた。表はその結果である。

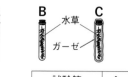

A
B
C
D
E
水草
ガーゼ
アルミニウムはく
水草

試験管	A	B	C	D	E
BTB溶液の色	緑色	青色	緑色	緑色	黄色

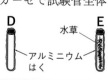

（よく出る!）(1) 次の文は，アルミニウムはくで試験管の全体をおおったものを使うことにより，どのようなことが確かめられるかを述べたものである。[　　　]に入る適当な言葉を書け。

植物の光合成には，[　　　　　　　　　　　　　　　]を確かめる。

（ミス注意）(2) 試験管**B**，**C**，**E**の中で行われていた水草のはたらきとして最も適当なものを**ア〜ウ**から選べ。ただし，同じ記号を使ってもよい。　　　　　　B[　　] C[　　] E[　　]

ア 光合成と呼吸　　　**イ** 光合成のみ　　　**ウ** 呼吸のみ

（アドバイス）☞ ふきこんだ息には二酸化炭素が多くふくまれている。二酸化炭素は光合成で使われ，呼吸で出される。

(3) みずきさんは，実験結果からわかることを考えた。実験結果で，試験管**C**の BTB 溶液の色が緑色になった理由として最も適当なものを**ア〜オ**から選べ。　　　　　　[　　　]

ア 水草が二酸化炭素を吸収しただけであったから。

イ 水草が二酸化炭素を排出しただけであったから。

ウ 水草が吸収した二酸化炭素の量は，排出した二酸化炭素の量よりも多かったから。

エ 水草が吸収した二酸化炭素の量は，排出した二酸化炭素の量よりも少なかったから。

オ 水草が吸収した二酸化炭素の量と，排出した二酸化炭素の量がほぼ同じだったから。

(4) 次は光合成について述べた文章である。① にはあてはまる物質の名称を，② にはあてはまる気体の名称を漢字2字で書け。　　　　①[　　　　　　] ②[　　　　　　]

光合成は細胞の中にある葉緑体で行われ，① と二酸化炭素を材料としてデンプンなどがつくられている。このとき，② が発生している。

3　蒸散

葉の枚数や大きさ，茎の太さや長さがそろった同じ植物の枝を3本用意した。次に，図のように，葉にA〜Cに示す処理をした枝をそれぞれ同じ量の水が入ったメスシリンダーにさし，水面を油でおおった。その後，光が当たる風通しのよい場所に置き，2時間後にそれぞれの水の減少量を調べた。表はその結果である。次の問いに答えなさい。ただし，水の減少量は，蒸散量と等しいものとする。また，ワセリンをぬったところでは蒸散は行われないものとし，気孔1個あたりの蒸散量はすべて等しいものとする。〔鹿児島県〕(8点×2)

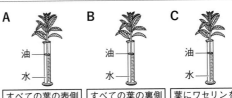

| すべての葉の表側にワセリンをぬる | すべての葉の裏側にワセリンをぬる | 葉にワセリンをぬらない |

	水の減少量〔cm³〕
A	5.2
B	2.1
C	6.9

（よく出る!）(1) この実験で，水面を油でおおったのはなぜか。　　　[　　　　　　　　　　　]

（ミス注意）(2) **C**の減少量のうち，すべての葉の表側と裏側からの蒸散量の合計は何 cm³ か。

（アドバイス）☞ 蒸散が行われる部分は，Aは葉の裏と茎，Bは葉の表と茎，Cは葉の表と裏と茎である。　　　[　　　　　　　　　　　]

PART 18 生物と細胞, 消化と吸収, 呼吸

必ず出る！要点整理

生物と細胞

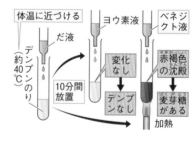

▲ 植物と動物の細胞

❶ 植物と動物の細胞

(1) **細胞のつくり**…ふつう1個の**核**と，核のまわりの**細胞質**(その外側は**細胞膜**となる)からできている。
　● 核を除く，細胞膜とその内側の部分の名称。
　● 核は**染色液**（**酢酸オルセイン**，**酢酸カーミン**）によく染まる。

(2) **植物の細胞**…**細胞壁**，**液胞**，**葉緑体**がある。

❷ 生物のからだと細胞

(1) **単細胞生物**…からだが**1個の細胞**からできている生物。
　● ゾウリムシ, ミカヅキモなど

(2) **多細胞生物**…からだが多くの細胞からできている生物。

　● 細胞が集まって**組織**，組織が集まって**器官**，器官が集まって**個体**がつくられている。

消化と吸収, 呼吸

❶ 食物の消化

(1) **消化**…食物中の栄養分を分解して，からだの中にとり入れやすい物質に変えること。
　● 栄養分は炭水化物，タンパク質，脂肪で有機物

(2) **消化管**…口→食道→胃→小腸→大腸→肛門まで続く1本の管。

(3) **消化酵素**…消化液にふくまれ，栄養分を分解する物質。
　● 決まった物質にだけはたらく。
　● ヒトの体温に近い30℃〜40℃でよくはたらく。

重要！ (4) **消化酵素の**
　　　　　はたらきで
　　　　　できる物質
　　　①デンプン→ブドウ糖
　　　②タンパク質→アミノ酸
　　　③脂肪→脂肪酸とモノグリセリド

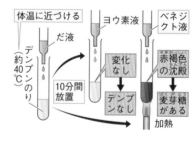

▲ だ液のはたらきを調べる実験

注意

葉緑体

光合成を行う緑色の粒。葉では内部の葉肉の細胞にあり，孔辺細胞以外の表皮の細胞や維管束の細胞にはない。

くわしく！

組織…形やはたらきが同じ細胞の集まり。（表皮組織や筋組織など）

器官…いくつかの組織が集まって特定のはたらきをするもの。（葉，心臓など）

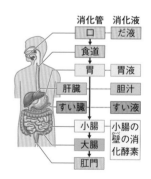

▲ ヒトの消化管と消化液

基礎力チェック問題

(1) 動物と植物の細胞に共通してあるものは，細胞膜と何か。　[　　　　]

(2) 植物の細胞だけに見られるものは，細胞壁，液胞とあと何か。　[　　　　]

(3) 細胞のつくりで，酢酸オルセインなどの染色液によく染まるのは何か。　[　　　　]

(4) からだが1個の細胞からできている生物を何というか。　[　　　　]

(5) だ液のはたらきによって［タンパク質　デンプン］が分解される。　[　　　　]

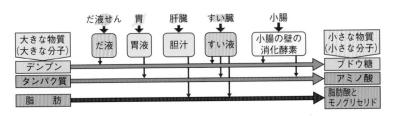

だ液せん　胃　肝臓　すい臓　小腸

| 大きな物質（大きな分子） | だ液 | 胃液 | 胆汁 | すい液 | 小腸の壁の消化酵素 | 小さな物質（小さな分子） |

デンプン → ブドウ糖
タンパク質 → アミノ酸
脂肪 → 脂肪酸とモノグリセリド

▲ 消化液のはたらき　　※胆汁には消化酵素がないが，脂肪を細かい粒にするはたらきをもつ。

くわしく!

おもな消化酵素

アミラーゼ（だ液，すい液）…デンプンを麦芽糖などに分解。
ペプシン（胃液）…タンパク質を分解。
リパーゼ（すい液）…脂肪を分解。

② 栄養分の吸収

(1) **小腸のはたらき**…消化された栄養分を体内に吸収する。
(2) **柔毛**…小腸の内壁をおおう小さな**突起**。**表面積を大きくし**，栄養
　　　◯長さは1mmくらい
　　分の吸収の効率をよくしている。
　　①**ブドウ糖とアミノ酸**…**毛細血管**に入る→**肝臓**→全身へ。
　　　　　　　　　　　　　◯ブドウ糖の一部は，グリコーゲンとして貯蔵。
　　②**脂肪酸とモノグリセリド**…柔毛内で**脂肪**に合成→**リンパ管**に入
　　る→**静脈血**と混ざり，心臓をへて全身へ。
　　　◯p.80

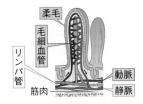

▲ 柔毛のつくり

③ 呼吸のしくみ

(1) **呼吸系**…鼻・口から**気管→気管支→肺**（**肺胞**）とつながる。
(2) **肺胞**…肺をつくっている小さな袋。肺胞がたくさんあることに
　　よって**表面積が大きくなり**，酸素と二酸化炭素の交換の効率がよ
　　くなる。
(3) **肺での気体の交換**…肺胞内の空気から**酸素が血液中にとり入れら**
　　れ，血液中の**二酸化炭素が肺胞内に放出**される。
(4) **呼吸運動**…ろっ骨や横隔膜を動かし，肺に空気を出し入れする。
　　　　　　　　◯胸腔が広がったり，せばまったりして肺に空気が出入りする。
(5) **細胞の呼吸**…細胞では，酸素を使って栄養分を分解し，エネル
　　　◯内呼吸（ないこきゅう）ともいう。
　　ギーをとり出している。このとき二酸化炭素と水ができる。

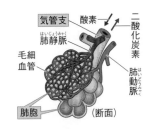

▲ 肺胞のつくり

$$\boxed{栄養分} + \boxed{酸素} \Longrightarrow \boxed{二酸化炭素} + \boxed{水}$$
$$\Downarrow$$
$$エネルギー$$

解答はページ下

(6) 消化液にふくまれ，栄養分を分解する物質を何というか。　　　　[　　　　]
(7) タンパク質が分解されて最終的にできた物質を何というか。　　　[　　　　]
(8) 柔毛内のリンパ管に入るのは[脂肪　アミノ酸　ブドウ糖]である。[　　　　]
(9) 肺をつくっている小さな袋を何というか。　　　　　　　　　　　[　　　　]
(10) (9)の中の空気から血液中にとり入れられる物質は何か。　　　　[　　　　]

PART **18**

生物と細胞, 消化と吸収, 呼吸

1　植物の細胞とからだの構成

次の問いに答えなさい。(7点×2)

(1) 右の図は, オオカナダモの葉の細胞を模式的に表したものであり, **K**
〜**N**は, それぞれ核, 細胞膜, 葉緑体, 細胞壁のいずれかにあたる。
K〜**N**のうち, 動物の細胞には見られず, 植物の細胞に見られ, から
だの形を保つはたらきをもつものを1つ記号で選べ。〔愛媛県〕[　　　]

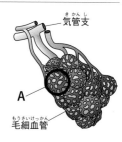

K　L　M

N　液胞

(2) 生物の器官を構成する, 形やはたらきが同じ細胞の集まりを何というか。〔栃木県〕[　　　]

2　肺のつくり

**右の図は, 肺の内部の一部を拡大した模式図である。次の問いに答
えなさい。**〔石川県〕(7点×2)

気管支

よく出る！ (1) **A**のような小さな袋を何というか。　[　　　　　　]

(2) 肺は, **A**のような小さな袋が多数集まってできている。このことで,
酸素と二酸化炭素の交換を効率よく行うことができるのはなぜか。

[　　　　　　　　　　　　　　　]

A

毛細血管

3　消化と吸収

**図1は, ヒトの消化管にふくまれる消化酵
素によって, 栄養分が消化されていくよう
すを模式的に表したものであり, A, B,
C**はデンプン, タンパク質, 脂肪のいずれ
かである。図では, 左から右へ消化が進
み, 消化酵素からの矢印はどの栄養分には
たらくかを示している。次の問いに答えな
さい。〔栃木県〕(8点×3)

図1

X

A
B
C

だ液中の消化酵素　胃液中の消化酵素　すい液中の消化酵素　小腸の壁の消化酵素

Y

(1) 図1の**A**にはたらく胃液中の消化酵素の名称を書け。

[　　　　　　　　]

(2) 図1の**X**に入る模式図として, 最も適切なものは右の
うちどれか。　[　　　]

ア　イ　ウ　エ

(3) 小腸の断面を拡大すると, 表面に柔毛とよばれる小さ
な突起が無数に見られる。図2はそのようすを示して
いる。このようなつくりをもつことの利点について,「柔毛をもつことで」
という書き出しで, 小腸のはたらきに着目し, 簡潔に書け。

図2

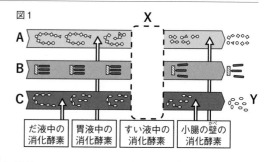

[柔毛をもつことで　　　　　　　　　　　　　　]

4　消化と吸収

ヒトの消化のしくみについて，次のⅠ，Ⅱの問いに答えなさい。〔長崎県〕(8点×6)

Ⅰ　だ液にふくまれる消化酵素のはたらきを確認するため，次の実験を行った。

【実験】　1％デンプン溶液をそれぞれ5cm³入れた試験管**A〜D**を準備した。試験管**A**，試験管**B**の一方に水を2cm³，もう一方に水でうすめただ液を2cm³入れた。そして，図1のように試験管**A**，試験管**B**を40℃のお湯に10分間入れた。その後，お湯からとり出し，それぞれにヨウ素液を数滴加え，溶液の反応のようすを調べた。同様に，試験管**C**，試験管**D**の一方に水を2cm³，もう一方に水でうすめただ液を2cm³入れた。そして，図2のように試験管**C**，試験管**D**を40℃のお湯に10分間入れた。

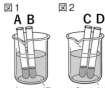

図1　A B　　図2　C D

40℃のお湯　　40℃のお湯

その後，お湯からとり出し，それぞれにベネジクト液を数滴加え，さらに沸騰石を入れ，ガスバーナーで加熱し，溶液の反応のようすを調べた。表は，それぞれの結果をまとめたものである。

試験管	加えたもの	反応のようす
A	ヨウ素液	変化しなかった
B	ヨウ素液	青紫色になった
C	ベネジクト液	変化しなかった
D	ベネジクト液	赤褐色の沈殿が生じた

(1) だ液にふくまれ，デンプンを分解する消化酵素として最も適当なものはどれか。[　　]

　ア ペプシン　　　**イ** トリプシン　　　**ウ** リパーゼ　　　**エ** アミラーゼ

(2) 下線部を行う理由を説明せよ。[　　　　　　　　　　　　]

(3) 表の**A〜D**のうち，水でうすめただ液を入れた試験管の組み合わせとして最も適当なものはどれか。[　　]

　ア AとC　　　**イ** AとD　　　**ウ** BとC　　　**エ** BとD

　(アドバイス) ☞ ベネジクト液は麦芽糖などと反応する。

Ⅱ　食物にふくまれるデンプンや脂肪などの養分は消化管を移動しながら，だ液中やすい液中，小腸の壁などにある消化酵素などのはたらきによって消化される。それぞれの養分は決まった種類の消化酵素によって分解され，小腸の壁から吸収されやすい物質になる。

(4) デンプンは消化酵素のはたらきによって分解され，小腸の壁から吸収されるとき，最終的に何という物質になっているか。[　　　　　　　]

(5) 脂肪の消化に関する次の文の（ **X** ），（ **Y** ）に適する語句を入れ，文を完成せよ。

X[　　　　　　]　Y[　　　　　　]

> 脂肪は，胆のうから出される（ **X** ）のはたらきで小腸の中で水に混ざりやすい状態になり，すい液中の消化酵素のはたらきで脂肪酸と（ **Y** ）に分解され，小腸の壁から吸収される。

PART 19

血液循環, 排出, 刺激と反応

必ず出る！要点整理

血液循環, 排出

① 血液とその循環

(1) **心臓**…筋肉が収縮して，血液をからだ全体に送る。

(2) **血管の種類**
　①**動脈**…心臓から送り出される血液が流れる血管。
　②**静脈**…心臓にもどる血液が流れる血管。**弁**がある。
　③**毛細血管**…動脈と静脈をつなぐ細い血管。

(3) **血液循環**…肺循環と体循環の2つがある。

　①**肺循環**…肺で**二酸化炭素**を放出し，酸素をとり入れる。
　　◉心臓→肺→心臓
　②**体循環**…全身の細胞に酸素と栄養分を与え，**二酸化炭素**などの不要な物質を受けとる。
　　◉心臓→全身→心臓

(4) **血液の成分**…**赤血球，白血球，血小板，血しょう。**
　◉体内に入ってきた細菌などを分解する。　◉出血時の血液を固める。
　①**赤血球**…**ヘモグロビン**をふくみ，酸素を運ぶ。
　　◉赤い色素。
　②**血しょう**…**栄養分**や**二酸化炭素**などの不要物を運ぶ。

(5) **組織液**…血しょうが毛細血管からしみ出して細胞のまわりを満たしている液。血液と細胞との間での物質交換のなかだちをする。

血液中の酸素や栄養分 ━━━▶ 組織液 ━━━▶ 細胞へ
細胞から出た**不要な物質** ━━━▶ 組織液 ━━━▶ 血液へ

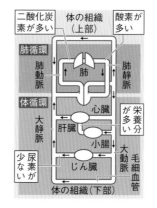

▲ 血液循環

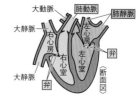

▲ 心臓のつくり

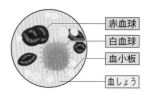

赤血球
白血球
血小板
血しょう

▲ 血液の成分

くわしく！

動脈血と静脈血

動脈血は酸素を多くふくむ血液，静脈血は二酸化炭素を多くふくむ血液。

肺動脈には静脈血，肺静脈には動脈血が流れることに注意。

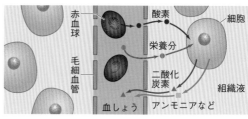

▲ 血液，組織液，細胞での物質のやりとり

基礎力チェック問題

(1) 肺で二酸化炭素を出して酸素をとり入れる血液循環を何というか。　[　　　　　]

(2) 心臓から送り出される血液が流れる血管を何というか。　[　　　　　]

(3) 酸素をからだの各部に運ぶはたらきをする血液の成分は何か。　[　　　　　]

(4) (3)にふくまれる赤い色素を何というか。　[　　　　　]

(5) 血液と細胞との間での物質交換のなかだちをする液体を何というか。　[　　　　　]

❷ 不要な物質の排出

(1) **細胞の呼吸でできた不要な物質**

①**二酸化炭素**…呼吸によって**肺**から体外に排出。

②**アンモニア**…**肝臓**で害の少ない**尿素**につくりかえられる。

(2) **じん臓**…血液から**尿素**などの不要な物質をこしとって**尿**をつくる。

刺激と反応

❶ 刺激と反応

(1) **感覚器官**…目，耳，鼻，舌，皮膚など外界の刺激を受けとる器官。

(2) **神経系**…**中枢神経**（脳や脊髄）と**末しょう神経**がある。

● 感覚神経と運動神経

(3) **刺激の伝わり方**

刺激⇒感覚器官→**感覚神経**

→**中枢神経**→**運動神経**→筋

肉⇒反応

重要！ (4) **反射**…刺激に対して無意
● 反射時間が短く，危険からからだを守る。
識に起こり，脳が判断せ

ずに反応が起こる。

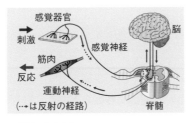

▲ 刺激の伝わり方

❷ からだが動くしくみ

(1) **骨格と筋肉**…筋肉の両端は**関節**をへだ
● 骨と骨のつなぎ目
てて２つの骨に結びつく。

●**けん**…筋肉を骨に結びつけている組織。

(2) **うでの屈伸**…１対の筋肉が**交互**に収縮

して，うでをのばしたり曲げたりする。

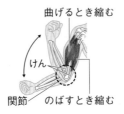

▲ うでの屈伸

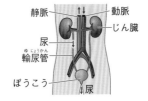

▲ じん臓と尿の排出

くわしく！

肝臓のはたらき

①有害なアンモニアを害の少ない尿素に変える。
②胆汁をつくる。
③血液中の栄養分をたくわえ，必要に応じて血液中に出す。

くわしく！

いろいろな感覚器官

①**目**…網膜に光の刺激を受けとる細胞（感覚細胞）がある。明るさによって虹彩がのび縮みして**ひとみ**の大きさが変わり，目に入る光の量が調節される。

②**耳**…音の振動の伝わり方は，鼓膜→耳小骨→うずまき管→聴神経→脳
うずまき管に音の刺激を受けとる細胞がある。

解答はページ下

(6) 有害なアンモニアを尿素につくりかえる器官は何か。　[　　　　　]

(7) 血液から尿素などの不要な物質をこしとって尿をつくる器官は何か。　[　　　　　]

(8) 目や耳など，外界の刺激を受けとる器官を何というか。　[　　　　　]

(9) (8)が受けとった刺激を脳や脊髄に伝える神経を何というか。　[　　　　　]

(10) 外界からの刺激に対して，無意識に起こる反応を何というか。　[　　　　　]

PART
19

血液循環, 排出, 刺激と反応

1 血液循環

よく出る!

右の図は, ヒトの血液の循環の経路を模式的に表したものである。次の問いに答えなさい。〔新潟県〕(7点×6)

(1) 図中の血管 a 〜 d のうち, 酸素を最も多くふくむ血液が流れる血管はどれか。 [   ]

(2) 血液の成分の1つである白血球のはたらきについて述べた文として最も適切なものを**ア〜エ**から1つ選べ。 [   ]

   ア 体内に入った細菌をとらえる。

   イ 酸素をからだの細胞に運ぶ。

   ウ 出血したときに血液を固める。

   エ ブドウ糖をグリコーゲンに変える。

(3) 動脈の壁は, 静脈の壁より厚くなっている。動脈がこのようなつくりになっているのはなぜか。その理由を書け。

   [   ]

(4) ヒトの毛細血管から細胞へ養分を運ぶしくみについて述べた文として最も適切なものを**ア〜エ**から1つ選べ。 [   ]

   ア 毛細血管から血しょうがしみ出て組織液となり, 組織液がなかだちをする。

   イ 毛細血管から動脈血がしみ出て静脈血となり, 静脈血がなかだちをする。

   ウ 毛細血管から血小板がしみ出て, 血小板がなかだちをする。

   エ 毛細血管から赤血球がしみ出て, 赤血球がなかだちをする。

(5) 次の文は, 尿の生成について述べたものである。次の文中の $\boxed{X}$, $\boxed{Y}$ にあてはまる用語を**ア〜オ**から1つずつ選べ。 X[   ] Y[   ]

> 細胞の活動によって生じた有害なアンモニアは, $\boxed{X}$ で無害な尿素に変えられる。
> 尿素は血液中にとりこまれて $\boxed{Y}$ でこしとられ, その後, 尿として排出される。

   ア 肺   **イ** ぼうこう   **ウ** じん臓

   エ 小腸   **オ** 肝臓

2 血液循環の時間

あるヒトの体内には, 血液が 4000 mL あり, 心臓は1分間につき 75 回拍動し, 1回の拍動により, 右心室と左心室からそれぞれ 80 mL の血液が送り出されるものとする。このとき, 体循環により, 4000 mL の血液が心臓から送り出されるまでに何秒かかるか。〔栃木県〕(6点)

   [   ]

（**アドバイス**）☞ まず1秒間に心臓から送り出される血液の量を考える。

3 反応時間

刺激に対するヒトの反応を調べるために，次の実験を行った。あとの問いに答えなさい。〔群馬県〕(7点×4)

1人目 ｜ 15人目
ストップウォッチ

[実験] 右の図のように，15人が輪になって手をつなぐ。1人目がストップウォッチのスタートボタンを押すと同時に，もう一方の手で隣の人の手をにぎる。2人目以降，手をにぎられた人は，すぐに次の人の手をにぎる。15人目は手をにぎられたら，すぐにもう一方の手でストップウォッチのストップボタンを押し，2人目以降の反応にかかる時間を測定する。これを3回くり返す。右の表は測定した結果をまとめたものである。

回数	1回目	2回目	3回目
時間〔秒〕	3.41	3.38	3.29

(1) 皮膚のように，刺激を受けとる器官を何というか。　[　　　]

(2) 次の文は，実験結果についてまとめたものである。文中の ① ， ② にあてはまる数値をそれぞれ書け。　①[　　　] ②[　　　]

　　表から，3回の測定時間の平均値を算出すると ① 秒となる。このことから，1人あたりの反応にかかるおおよその時間は ② 秒となることがわかった。

(3) 下線部のような，ヒトが意識して起こす反応について，皮膚が刺激を受けとってから，筋肉が反応するまでに信号が伝わる経路を次のア～エから選べ。　[　　　]

ア 皮膚→脊髄→筋肉　　　　**イ** 皮膚→脊髄→脳→筋肉
ウ 皮膚→脳→脊髄→筋肉　　**エ** 皮膚→脊髄→脳→脊髄→筋肉

4 うでが動くしくみ

ヒトのうでの動くしくみについて，あとの問いに答えなさい。〔大阪府〕(6点×4)

図は，ヒトのうでの骨格と筋肉の一部を表した模式図である。ヒトは骨格とつながった筋肉を縮めることにより，関節を用いて運動する。骨につく筋肉は，両端が ⓐ とよばれるつくりになっていて，図のように，関節をまたいで2つの骨についている。脳や脊髄からなるⓑ〔**ア** 中枢 **イ** 末しょう〕神経からの命令がⓒ〔**ウ** 運動 **エ** 感覚〕神経を通って筋肉に伝えられると，筋肉が縮む。

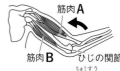

筋肉A
筋肉B　ひじの関節

(1) 上の文中の ⓐ に入れるのに適している語を書け。　[　　　]

(2) 上の文中のⓑ，ⓒから適切なものをそれぞれ1つずつ選べ。　ⓑ[　] ⓒ[　]

(3) 次のア～エのうち，図中の矢印で示された向きに，ひじの部分でうでを曲げるときの，筋肉Aと筋肉Bのようすとして最も適しているものを1つ選べ。　[　　　]

ア 筋肉Aは縮み，筋肉Bはゆるむ(のばされる)。　**イ** 筋肉Aも筋肉Bも縮む。
ウ 筋肉Aはゆるみ(のばされ)，筋肉Bは縮む。　**エ** 筋肉Aも筋肉Bもゆるむ(のばされる)。

PART

20 生物のふえ方と遺伝

必ず出る！要点整理

生物の成長とふえ方

❶ 細胞分裂と生物の成長

(1) **細胞分裂**…１つの細胞が２つ
の細胞に分かれること。
◉ からだをつくる細胞の分裂を体細胞分裂という。

(2) **染色体**…細胞分裂のとき，核の
中に現れるひも状のもの。生物
の**形質**を決める**遺伝子**がふくま
◉ 形や性質などの特徴
れている。

(3) **多細胞生物の成長**…①細胞分裂によって**細胞の数がふえる**こと。
②ふえた細胞がそれぞれ大きくなること。

❷ 生物のふえ方

重要！

(1) **無性生殖**…受精を行わずに子をつくるふえ方。栄養生殖など。

(2) **有性生殖**…生殖細胞が受精して子をつくるふえ方。
◉ 卵（卵細胞）や精子（精細胞）

●**受精**…雌雄の生殖細胞の核が合体して１つの細胞になること。
◉ 受精

(3) **植物の有性生殖**…受粉後，花
粉からのびた**花粉管**の中の**精**
細胞と胚珠の中の**卵細胞**が受
精して**受精卵**ができる。
◉ 受精卵

(4) **動物の有性生殖**…雌の**卵**と雄
◉ 卵巣でつくられる。
の**精子**が受精して**受精卵**がで
◉ 精巣でつくられる。
きる。

(5) 受精卵は分裂をくり返して
胚になり，個体のからだができる。
はい
◉ 多数の細胞の集まり。

①染色体が ②染色体が ③中央に集
２倍になる。 現れる。 まる。

④両端に ⑤２個の核 ⑥２個の細
分かれる。 ができる。 胞になる。

▲ 細胞分裂の順序（植物）

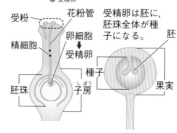

受粉　花粉管　受精卵は胚に，
卵細胞　胚珠全体が種
精細胞　受精卵　子になる。
胚
種子
胚珠　子房　果実

▲ 被子植物の有性生殖

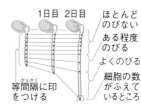

よく出る！

根の成長

根の先端付近に細胞分裂のさ
かんな部分（成長点）があ
り，最も成長する。

１日目 ２日目　ほとんど
のびない
ある程度
のびる
よくのびる
細胞の数
がふえて
いるところ
等間隔に印
をつける

用語

栄養生殖

植物のからだの一部から新し
い個体ができること。サツマ
イモなど。

くわしく！

発生

受精卵が胚になり，からだの
つくりができていく過程。

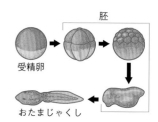

胚
受精卵
おたまじゃくし

▲ カエルの発生

基礎力
チェック
問題

(1) 細胞分裂のとき，核の中に現れるひも状のものを何というか。　［　　　　　］

(2) (1)にあり，生物の形質を決めるものを何というか。　［　　　　　］

(3) 受精を行わずに子をつくるふえ方を何というか。　［　　　　　］

(4) 被子植物の受精では，精細胞の核と何の核が合体するか。　［　　　　　］

(5) 親の形質が子に伝わることを何というか。　［　　　　　］

遺伝の規則性，進化

① 有性生殖での遺伝

⑴ **遺伝**…親の形質が子に伝わること。

⑵ **減数分裂**…生殖細胞がつくられるとき，染色体の数が体細胞の半分になる細胞分裂。

⑶ 有性生殖では，**両親から染色体（遺伝子）を半分ずつ受けつぐ**。
▶ 親とはちがう形質も現れる。

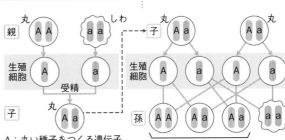

▲ 有性生殖と染色体

② 遺伝の規則性

⑴ **対立形質**をもつ**純系**どうしをかけ合わ
▶ 同時には現れない2つの形質。
せたとき，子に現れる形質を**顕性形質**，
▶ 右図では「丸」
子に現れない形質を**潜性形質**という。
▶ 右図では「しわ」

⑵ **分離の法則**…減数分裂で，対の遺伝子が分かれて別々の生殖細胞に入ること。

重要！ ⑶ **遺伝の規則性**…両親の遺伝子がAaとAaのとき，子に現れる形質は，
顕性形質：潜性形質＝3：1
▶ 遺伝子の組み合わせは，AA：Aa：aa＝1：2：1

⑷ **遺伝子の本体**…**DNA**である。
▶ デオキシリボ核酸

A：丸い種子をつくる遺伝子
a：しわの種子をつくる遺伝子
丸 3 ： しわ 1

▲ エンドウの遺伝子の伝わり方

③ 脊椎動物の出現と進化

⑴ **進化**…生物が長い年月をかけて代を重ねる間に形質が変化すること。

⑵ **相同器官**…形やはたらきはちがうが，もとは同じものから変化したと考えられる器官。

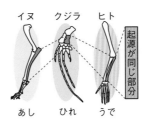

▲ 相同器官

くわしく！

無性生殖と染色体

無性生殖では体細胞分裂によってふえるので，親と同じ染色体をもち全く同じ形質（**クローン**）になる。

親と同じ遺伝子をもつ。

くわしく！

脊椎動物の出現

魚類，両生類，は虫類，哺乳類，鳥類の順に現れた。
水中生活から陸上生活に適する生物に進化したと考えられる。

進化の証拠

相同器官や，は虫類と鳥類の特徴をもつ**シソチョウ**など。

解答はページ下

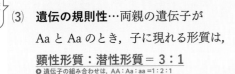

⑹ 染色体の数が体細胞の半分になる細胞分裂を何というか。［　　　　　］

⑺ 対立形質をもつ純系のかけ合わせで，子に現れる形質を何というか。［　　　　　］

⑻ 対になっている遺伝子が分かれて別々の生殖細胞に入ることを何というか。［　　　　　］

⑼ 遺伝子の本体は何という物質か。［　　　　　］

⑽ 生物が長い年月をかけて代を重ねる間に変化することを何というか。［　　　　　］

PART **20**

生物のふえ方と遺伝

1 植物のふえ方

植物の生殖について，次の問いに答えなさい。〔山梨県〕(7点×4)

(1) 次の □ は，植物の有性生殖についてまとめた文章である。①～③にあてはまるものを**ア**，**イ**から１つずつ選べ。

> 被子植物では，花粉がめしべの柱頭につくと，花粉から柱頭の内部へと花粉管がのびる。このとき，花粉の中でつくられた①〔**ア** 卵細胞 **イ** 精細胞〕が花粉管の中を移動していく。花粉管が胚珠に達すると，胚珠の中につくられた生殖細胞と受精して，受精卵ができる。そして，受精卵は細胞分裂をくり返して②〔**ア** 胚 **イ** 核〕になり，胚珠全体はやがて③〔**ア** 果実 **イ** 種子〕になる。

①[   ] ②[   ] ③[   ]

(2) リンゴやイチゴなどを栽培するときは，有性生殖と無性生殖の２種類の生殖方法が使い分けられている。新しい品種を開発するときには有性生殖が利用され，開発した品種を生産するときには無性生殖が利用される。次の文は，開発した品種を生産するときに，無性生殖を利用する理由について述べたものである。「染色体」，「形質」という２つの語句を使って，□に入る適当な言葉を書け。

理由：無性生殖では，子は□ため，開発した品種と同じ品種を生産することができる。

[   ]

2 遺伝の規則性

メンデルはエンドウの種子の形などの形質に注目して，形質が異なる純系の親をかけ合わせ，子の形質を調べた。さらに，子を自家受粉させて，孫の形質の現れ方を調べた。表は，メンデルが行った実験の一部である。次の問いに答えなさい。〔富山県〕(7点×6)

形質	親の形質の組み合わせ	子の形質	孫に現れた個体数	
種子の形	丸形×しわ形	すべて丸形	丸形 5474	しわ形 1850
子葉の色	黄色×緑色	すべて黄色	黄色 (X)	緑色 2001
草たけ	高い×低い	すべて高い	高い 787	低い 277

よく出る! (1) 遺伝子の本体である物質を何というか。 [   ]

(2) 種子の形を決める遺伝子を，丸形はA，しわ形はaと表すとすると，丸形の純系のエンドウがつくる生殖細胞にある，種子の形を決める遺伝子はどう表されるか。 [   ]

(3) 表の（ **X** ）にあてはまる個体数はおおよそどれだけか。次の**ア～エ**から選べ。ただし，子葉の色についても，表のほかの形質と同じ規則性で遺伝するものとする。 [   ]

ア 1000 　**イ** 2000 　**ウ** 4000 　**エ** 6000

(4) 種子の形に丸形の形質が現れた孫の個体5474のうち，丸形の純系のエンドウと種子の形について同じ遺伝子をもつ個体数はおおよそどれだけか。次の**ア〜エ**から選べ。　[　　　]

ア 1300　　**イ** 1800

ウ 2700　　**エ** 3600

(5) 草たけを決める遺伝子の組み合わせがわからないエンドウの個体**Y**がある。この個体**Y**に草たけが低いエンドウの個体**Z**をかけ合わせたところ，草たけが高い個体と，低い個体がほぼ同数できた。個体**Y**と個体**Z**の草たけを決める遺伝子の組み合わせをそれぞれ書け。ただし，草たけを高くする遺伝子を**B**，草たけを低くする遺伝子を**b**とする。

個体**Y** [　　　　　]　個体**Z** [　　　　　]

(アドバイス) ☞ 草たけが低いのは潜性形質だから，遺伝子の組み合わせは bb である。

3 細胞分裂

植物の根が成長するようすを調べる実験を行った。まず，タマネギの種子を発芽させ，のびた根を先端から約1cm切りとった。図1は，切りとった根を模式的に表したものであり，そこからA〜Cの部分をそれぞれ切りとり，別々のスライドガラスにのせた。その後，核と染色体を見やすくするために染色してプレパラートをつくり，顕微鏡で観察した。図2は，A〜Cを同じ倍率で観察したスケッチであり，Aでのみひも状の染色体が見られ，体細胞分裂をしている細胞が観察された。次の問いに答えなさい。

〔鹿児島県〕((1)(2)7点×2　(3)(4)8点×2)

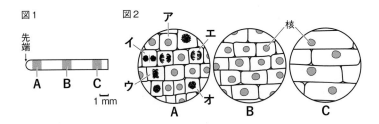

(1) 核と染色体を見やすくするために使う染色液として適当なものは何か。

[　　　　　　　　　　　　]

(2) 図2の**A**の**ア〜オ**の細胞を，**ア**を最初として体細胞分裂の順に並べよ。

[　**ア** →　　　→　　　→　　　→　　]

(3) 根はどのようなしくみで成長するか。図1，図2から考えられることを書け。

[　　　　　　　　　　　　　　　　　　　　]

(4) 体細胞分裂をくり返しても，分裂後の1つ1つの細胞の中にある染色体の数は変わらない。その理由を，体細胞分裂の細胞で染色体に起こることに着目して書け。

[　　　　　　　　　　　　　　　　　　　　]

PART 21 火をふく大地

必ず出る！要点整理

マグマと火山のようす

❶ マグマと火山の噴火

(1) **マグマ**…地下の岩石が高温のためどろどろにとけた物質。

(2) **火山の噴火**…マグマが上昇して地表にふき出す現象。

(3) **火山噴出物**…火山ガス（主成分は水蒸気），**溶岩**，火山灰，火山れき，軽石，火山弾など。
  ▶ マグマが地表に流れ出たものやそれが冷え固まったもの。

▲ 火山の噴火のしくみ

| マグマが地表に噴出 |
| ↑ |
| 火山ガスの圧力で噴火口が開く |
| ↑ |
| 地下のマグマが上昇 |

❷ マグマと火山の形

(1) **マグマのねばりけ**…火山が噴火したとき，マグマのねばりけが強いほど**流れにくい**。

冷えて固まったときの溶岩の色 ⇨ マグマのねばりけが強い→**白っぽい色**
マグマのねばりけが弱い→**黒っぽい色**

【重要！】(2) **火山の形**…マグマのねばりけによって決まる。
  ①**ねばりけが強いマグマ**…盛り上がった形の火山
  ②**ねばりけが弱いマグマ**…傾斜のゆるやかな形の火山

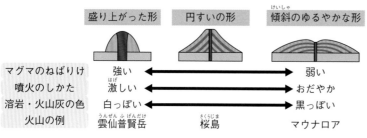

	盛り上がった形	円すいの形	傾斜のゆるやかな形
マグマのねばりけ	強い ←	→	弱い
噴火のしかた	激しい ←	→	おだやか
溶岩・火山灰の色	白っぽい ←	→	黒っぽい
火山の例	雲仙普賢岳	桜島	マウナロア

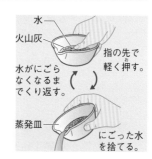

▲ 火山灰の観察
火山灰には鉱物が見られる。

くわしく！

火山の恵みと災害

マグマの熱を利用した地熱発電や温泉などの恵みがある一方で，溶岩や火山灰，火山ガスなどによる被害もある。

くわしく！

噴火のようす

マグマのねばりけが強いと火山ガスがぬけにくく，爆発的な噴火になる。マグマのねばりけが弱いと，火山ガスがぬけておだやかな噴火となる。

Q. 基礎力チェック問題

(1) 地下の岩石が高温のためどろどろにとけた物質を何というか。　［　　　　　］

(2) 火山の噴火のとき，(1)が火口から流れ出たものを何というか。　［　　　　　］

(3) ねばりけの弱いマグマが冷え固まると［白っぽい　黒っぽい］色の溶岩になる。［　　　　　］

(4) マグマのねばりけが［弱い　強い］と，盛り上がった形の火山になる。　［　　　　　］

(5) (4)の火山の噴火のようすは［激しい　おだやかな］噴火である。　［　　　　　］

学習日　／

POINT 👉 **火山岩と深成岩のでき方のちがいをおさえよう！**

火成岩とその種類

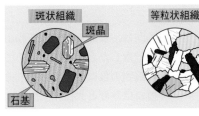

▲ 火山岩のつくり　　　▲ 深成岩のつくり

❶ 火山岩と深成岩

(1) **火成岩**…**マグマ**が冷えて固まった岩石。冷え方のちがいによって，**火山岩**と**深成岩**がある。

重要！

(2) **火山岩**…マグマが地表や地表近くで，急に冷えて固まった岩石。
①**石基**の中に**斑晶**（大きい鉱物）が散在している。→**斑状組織**
②非常に小さな鉱物やガラス質の部分を**石基**という。

③**おもな火山岩**…**流紋岩，安山岩，玄武岩**

重要！

(3) **深成岩**…マグマが地下深くで，ゆっくり冷えて固まった岩石。
①**大きい鉱物がすきまなく並んでいるつくり→等粒状組織**
　▶ゆっくり冷えると鉱物の結晶が大きく成長する。
②**おもな深成岩**…**花こう岩，せん緑岩，斑れい岩**

❷ 鉱物と火成岩の種類

(1) **鉱物**…マグマが冷えて**結晶**になった粒。
①**無色鉱物**…石英，長石
②**有色鉱物**…黒雲母，カクセン石，輝石，カンラン石，磁鉄鉱

(2) **火成岩の分類**…つくりやふくまれる鉱物の種類によって分類する。

火山岩	流紋岩	安山岩	玄武岩
深成岩	花こう岩	せん緑岩	斑れい岩
おもな鉱物の割合〔体積％〕	石英　黒雲母　カクセン石	無色鉱物　有色鉱物　輝石	長石　カンラン石
全体の色	白っぽい	中間	黒っぽい

くわしく！

斑状組織のでき方

マグマが地下深くにあるとき，ゆっくり冷えてできた鉱物が斑晶。マグマが上昇して地表付近で急に冷え，鉱物が成長できなかった部分が石基である。

	石英	無色か白色で不規則に割れる。
無色鉱物	長石	白色で決まった方向に割れる。
有色鉱物	黒雲母	黒色か褐色で板状にはがれる。
	カクセン石	暗緑色か黒色で長い柱状。
	輝石	暗緑色か褐色で短い柱状。
	カンラン石	緑褐色で不規則な形の粒。
	磁鉄鉱	磁石につきやすい。

▲ おもな鉱物の特徴

解答はページ下

(6) マグマが冷えて固まった岩石を一般に何というか。　　　　　　　　　[　　　　　　]

(7) マグマが地表付近で急に冷えてできた(6)を何というか。　　　　　　　[　　　　　　]

(8) (7)のつくりで，非常に小さな鉱物やガラス質の部分を何というか。　[　　　　　　]

(9) 深成岩で，同じくらいの大きさの鉱物がすきまなく並んだつくりを何というか。[　　　　　　]

(10) 白っぽい色をした深成岩は〔花こう岩　安山岩〕である。　　　　　　[　　　　　　]

火をふく大地

1　火山灰とマグマのねばりけ

右の図は，雲仙普賢岳と三原山の火山灰を，双眼実体顕微鏡で観察したときのスケッチである。図の火山灰にふくまれる鉱物の色に着目すると，それぞれの火山におけるマグマのねばりけと火山の噴火のようすが推定できる。三原山と比べたときの，雲仙普賢岳のマグマのねばりけと噴火のようすを，それぞれ簡潔に書きなさい。〔静岡県〕(10点×2)

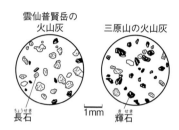

雲仙普賢岳の火山灰　　三原山の火山灰

長石　　　1mm　　輝石

マグマのねばりけ[　　　　　　　　　]

噴火のようす　　[　　　　　　　　　]

アドバイス ☞ 火山灰の色は，ふくまれる鉱物による。長石は無色鉱物，輝石は有色鉱物。

2　火成岩のつくり

香織さんは，学校の校外学習で霧島山に行った。次の香織さんと先生の会話文を読んで，問いに答えなさい。〔宮崎県・改〕(10点×3)

> 香織：霧島山は火山群なので，火山岩が見られますね。
> 先生：霧島山では，火山岩の中でも安山岩などが見られますよ。また，宮崎県の北部の山では深成岩である花こう岩が見られますよ。安山岩と花こう岩は，つくりにちがいがあるので，学校にある標本で調べてみるといいですね。

香織さんは，安山岩と花こう岩のつくりを調べるために，2つの標本をルーペで観察した。右の図は，そのときのスケッチである。

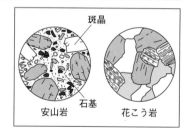

斑晶

石基

安山岩　　　花こう岩

(1) 図のような花こう岩のつくりを何というか。

[　　　　　　　　　]

(2) 図の安山岩は火山岩の一種である。次の岩石のうち，火山岩はどれか。ア～エから1つ選べ。　　[　　　　]

　ア　せん緑岩
　イ　石灰岩
　ウ　流紋岩
　エ　斑れい岩

(3) 図の安山岩で見られた石基の部分のでき方を，マグマの冷える場所と冷え方にふれながら，簡潔に書け。

[　　　　　　　　　　　　　　　　　　　　　　　　　　　　　　　　　]

3　マグマのねばりけと火山の形

図のA，Bはマグマのねばりけが異なる火山の断面図である。図A，Bのような火山の説明として最も適するものをア～エから１つ選びなさい。〔神奈川県〕(10点)　[　　　]

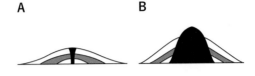
A　　　　B

ア　Aのような火山はマグマのねばりけが強く，火山灰は比較的黒っぽいものが多い。

イ　Aのような火山はマグマのねばりけが弱く，比較的おだやかな噴火が多い。

ウ　Bのような火山はマグマのねばりけが強く，火山灰は比較的黒っぽいものが多い。

エ　Bのような火山はマグマのねばりけが弱く，比較的おだやかな噴火が多い。

4　マグマと火成岩

次の問いに答えなさい。(10点×4)

(1) 次の【資料】は，太郎さんが，4種類の岩石A，B，C，Dを観察し，気づいたことをまとめたものである。4種類の岩石のうち，岩石Bと岩石Cは何か。最も適当なものを下のア～エからそれぞれ選べ。ただし，4種類の岩石A，B，C，Dは，玄武岩，花こう岩，斑れい岩，砂岩のいずれかである。〔愛知県・改〕

B[　　　] C[　　　]

【資料】　4種類の岩石の観察
〈岩石の色〉・岩石Aが最も白っぽい。
　　　　　・岩石Bと岩石Dはどちらも黒っぽい。
〈岩石のつくり〉・岩石Aと岩石Dは，それぞれ同じくらいの大きさの角ばった粒が組み
　　　　　　　　合わさっている。
　　　　　　　・岩石Bは，形がわからないほどの小さな粒の間に，大きく角ばった粒が
　　　　　　　　散らばっている。
　　　　　　　・岩石Cは，同じくらいの大きさの丸みを帯びた粒が集まっている。

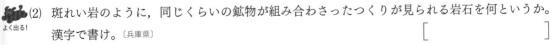

ア　玄武岩　　　イ　花こう岩　　　ウ　斑れい岩　　　エ　砂岩

アドバイス ☞ 岩石のつくりから，まず，火成岩か堆積岩かを区別する。

(2) 斑れい岩のように，同じくらいの鉱物が組み合わさったつくりが見られる岩石を何というか。漢字で書け。〔兵庫県〕　[　　　　　]

(3) 右の図は，安山岩をルーペで観察したときのスケッチである。拡大して観察したところ，大きな結晶が，形がわからないほどの小さな粒の間に散らばって見えた。このようなつくりを何というか。〔群馬県〕

[　　　　　]

PART 22 ゆれ動く大地

必ず出る！要点整理

地震のゆれと伝わり方

▲ 震源と震央

▲ 地震計
地面がゆれてもおもりと描針は動かない。

❶ 地震のゆれ

(1) 震源…地下で地震が発生した場所。

(2) 震央…震源の真上の地表の地点。地表で最も早くゆれ始める。

【重要！】

(3) 初期微動…はじめに起こる小さなゆれ。**P波**が届いて起こる。
　○ Primary wave（最初の波），速い波

(4) 主要動…初期微動に続く**大きなゆれ**。**S波**が届いて起こる。
　○ Secondary wave（次にくる波），遅い波

❷ 地震のゆれの伝わり方

(1) **地震のゆれの伝わり方**…震源から出た波は四方八方に伝わる。

　●ゆれ始めの時刻の等しい地点を曲線で結ぶと，震央を中心とする同心円状になる。

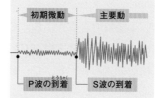

▲ 地震計の記録

(2) **地震のゆれの伝わる速さ**
　①初期微動…P波の速さ（約5〜7 km/s）
　②主要動…S波の速さ（約3〜5 km/s）

【重要！】

(3) 初期微動継続時間…P波が届いてからS波が届くまでの時間。初期微動継続時間と震源からの距離は比例する。

　● 200 km地点の初期微動継続時間 x ⇒ 100 km：200 km＝12 s：x より，$x = \underline{24\ s}$
　○ 右図

よく出る！

地震の波の速さ

次の式で求める。

速さ〔km/s〕＝ $\dfrac{\text{震源からの距離〔km〕}}{\text{地震発生から地震の波が到着するまでの時間〔s〕}}$

くわしく！

緊急地震速報

P波とS波の速さのちがいを利用している。震源に近い地震計でとらえたP波から，S波の到着時刻や震度を予測して知らせる。

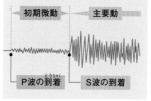

▲ 震源距離と初期微動継続時間の関係

基礎力チェック問題

(1) 地下で地震が発生した場所を何というか。　　　　［　　　　　　］

(2) (1)の真上の地表の地点を何というか。　　　　　［　　　　　　］

(3) 地震のゆれのうち，はじめに起こる小さなゆれを何というか。　［　　　　　　］

(4) 主要動は，伝わる速さが遅い［P波　S波］によるゆれである。　［　　　　　　］

(5) 初期微動継続時間は，震源からの距離が大きくなるとどうなるか。　［　　　　　　］

地震の大きさとしくみ

❶ 震度とマグニチュード

(1) **震度**…地震の**ゆれの大きさ**を表す。ふつう震源から遠くになるにつれて小さくなる。

　●**震度階級**…震度0，1，2，3，4，5弱，5強，6弱，6強，7の10階級。

(2) **マグニチュード**…地震の**規模（エネルギーの大きさ）の大小**を
　◍1つの地震に1つの値が決まる。
　表す値。記号は M。

(3) **地震の災害**…建物の倒壊，がけくずれ，**津波**，**液状化現象**など。

▲ マグニチュードと震度の分布

マグニチュードが大きい地震ほど，ゆれる範囲が広く，震央付近の震度が大きくなる。

❷ 地震が起こるしくみ

(1) **日本付近の震源の分布**…日本海溝を境にして**大陸側に多い**。
　震源の深さは海溝付近で浅く，**日本海側にいくほど深い**。

(2) **地震のしくみ**…プレートの動きによって大きな力がはたらく。

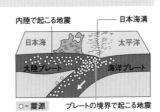

▲ 日本付近の震源の分布

| プレートが動く。 | ▶ | 岩石にひずみが生じる。 | ▶ | 岩石が破壊され**断層**ができる。 | ▶ | 地震が発生する。 |

(3) **プレート**…地球の表面をおおう十数枚の岩石の層。

(4) **プレートの境界で起こる地震**…海洋プレートが大陸プレートの下
　◍海溝型地震
　に沈みこむ動きが原因。**津波**が発生することがある。

(5) **内陸で起こる地震**…活断層が動いて起こる。
　◍内陸型地震

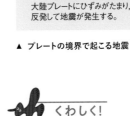

▲ プレートの境界で起こる地震

✈ くわしく!

活断層

過去の地震で生じた断層で，今後もくり返しずれが生じる可能性のある断層。

解答はページ下 ✎

(6) 地震のゆれの大きさを表すものを何というか。　　　[　　　　　]

(7) 地震の規模の大小を表すものを何というか。　　　[　　　　　]

(8) 地球の表面をおおう十数枚の岩石の層を何というか。　　　[　　　　　]

(9) 日本付近の震源の深さは，太平洋側から日本海側へいくほどどうなるか。　　　[　　　　　]

(10) 過去にできた断層で，今後もずれが生じる可能性のある断層を何というか。　　　[　　　　　]

PART
22

ゆれ動く大地

1　震源の分布

リカさんは，日本付近で起きた地震についてインターネットを使って調べた。図1は，ある年の1か月間に起きた地震の震源を地図上に表したものである。また，図2は，過去に東北地方で起きた地震の震源の深さを地球の断面図上に表したものである。次の問いに答えなさい。〔島根県〕(11点×4)

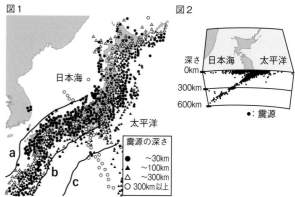

(1) 次の文章は，地球の表面をおおっているプレートについて説明したものである。文章中の　X　，　Y　のそれぞれにあてはまる語の組み合わせとして最も適当なものをア〜エから選べ。　[　　　]

> プレートには，海のプレートと陸のプレートがある。海のプレートは，おもに太平洋や大西洋，インド洋などの海底の　X　で生じる。こうして生じた海のプレートは，　X　の両側に広がっていく。海のプレートの1つである太平洋プレートは，日本列島付近では，　Y　の方向に移動している。

ア　X—海溝（かいこう）　Y—東から西

イ　X—海溝　Y—西から東

ウ　X—海嶺（かいれい）　Y—東から西

エ　X—海嶺　Y—西から東

(2) 日本付近には，4つのプレートがある。このうちのユーラシアプレートとフィリピン海プレートの地球表面上における境界として最も適当なものを図1のa〜cから選べ。　[　　　]

(3) リカさんが図2を分析すると，震源の深さには次の2つの傾向（けいこう）があることがわかった。①について，その理由を説明せよ。

> ①　日本海溝から日本列島に向かって，震源の分布がだんだん深くなっている。
> ②　陸地では震源の浅い地震も起こっている。

[　　　　　　　　　　　　　　　　　　　　　]

よく出る!
(4) 地下の浅いところで地震が起こると，そのときの大地のずれたあとが地表に残ることがある。このうち，再びずれる可能性があるものを何というか。　[　　　　　　]

| 時間： | **30** 分 | 配点： | **100** 点 | 目標： | **80** 点 |

解答：

得点：

点

2　地震のゆれと初期微動継続時間

中国地方で発生した地震Ⅰと地震Ⅱについて調べた。下の図は，地震Ⅰの震央×の位置と，各観測地点における震度を示している。また表は，地震Ⅱで地点A～FにおけるP波，S波が届いた時刻を示しているが，一部のデータは不明である。次の問いに答えなさい。

〔千葉県〕((3)②グラフ12点　他11点×4)

×は地震Ⅰの震央の位置，□の中の数字や文字は各観測地点の震度を表している。

地点	地震Ⅱの震源からの距離	地震ⅡのP波が届いた時刻	地震ⅡのS波が届いた時刻
A	40 km	午前7時19分26秒	データなし
B	56 km	データなし	午前7時19分35秒
C	80 km	午前7時19分31秒	データなし
D	100 km	データなし	午前7時19分46秒
E	120 km	午前7時19分36秒	データなし
F	164 km	データなし	午前7時20分02秒

(1) 図に示された各観測地点における震度から，地震Ⅰについてどのようなことがわかるか。次のア～エから選べ。　[　　]

ア　震央から観測地点の距離が遠くなるにつれて，震度が小さくなる傾向がある。

イ　観測された震度から，この地震のマグニチュードは6.0より小さいことがわかる。

ウ　観測地点によって震度が異なるのは，土地のつくり(地盤の性質)のちがいのみが原因である。

エ　震央付近の震度が大きいのは，震源が海底の浅いところにあることが原因である。

(2) 次の文章は，地震の波とゆれについて説明したものである。文章中の　y ，　z にあてはまるものの組み合わせとして最も適当なものをア～エから選べ。　[　　]

　地震が起こると　y ，P波がS波より先に伝わる。S波によるゆれを　z という。

ア　y：P波が発生したあとに，遅れてS波が発生するため　　z：初期微動

イ　y：P波が発生したあとに，遅れてS波が発生するため　　z：主要動

ウ　y：P波とS波は同時に発生するが，伝わる速さがちがうため　z：初期微動

エ　y：P波とS波は同時に発生するが，伝わる速さがちがうため　z：主要動

(3) 地震Ⅱについて，次の問いに答えなさい。なお，P波とS波が地中を伝わる速さはそれぞれ一定であり，P波もS波もまっすぐ進むものとする。

① 地震Ⅱが発生した時刻は午前何時何分何秒か。　[　　　　　　　]

② 表をもとに，地震Ⅱの震源からの距離と，初期微動継続時間の関係を表すグラフを右に完成させよ。また，初期微動継続時間が18秒である地点から震源までの距離として最も適当なものを次のア～エから選べ。　[　　]

ア　約108 km　**イ**　約126 km　**ウ**　約144 km　**エ**　約162 km

（アドバイス）☞ P波はAC間を5秒で，S波はBD間を11秒で伝わっている。

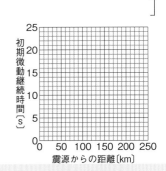

変動する大地

必ず出る！要点整理

地層のでき方

1 地層のでき方

(1) **風化**…岩石が気温の変化や水などの作用で**表面からくずれる現象。**

(2) **侵食**…岩石が，風や流水のはたらきによって**けずられること。**

(3) **地層のでき方**…地表の岩石が**風化**され，**侵食**されてできた**れき・砂・泥**は，川の水で**運搬**されて海底などに**堆積**し，地層ができる。
①粒の**小さいものほど遠く**に運ばれる。
②層の中では**下の方ほど粒が大きい。**

(4) **地層の新旧**…下の地層ほど**古く**，上の地層ほど**新しい。**

(5) **柱状図**…地層の重なりのようすを柱状に表した図。

(6) **鍵層**…地層の広がりを知るための手がかりになる層。**火山灰の層や化石をふくむ層など。**

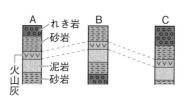

▲ **柱状図** 火山灰の層が鍵層となる。

岸から離れるほど粒は小さい。
れきと砂
細かい砂
泥

風化・侵食　運搬　堆積　海

▲ 地層のでき方

A　れき岩　砂岩
B
C
火山灰　泥岩　砂岩

2 堆積岩

(1) **堆積岩**…堆積物が押し固められてできた岩石。

[重要!] (2) **堆積岩の特徴**
①粒は**丸みを帯びている。**
②粒の**大きさがほぼ一様。**
③**化石をふくむことがある。**

堆積岩	岩石をつくるもの	粒の直径
泥岩	泥やさらに細かいねん土からなる。	0.06 mm 以下
砂岩	おもに砂が集まってできている。	2〜0.06 mm
れき岩	れきが目立つ。砂・泥をふくむ。	2 mm 以上
凝灰岩	おもに火山灰。角ばっている粒が多い。	いろいろな大きさ
石灰岩	炭酸カルシウムの殻をもつ生物の死がいなど。うすい塩酸をかけると二酸化炭素が発生する。	
チャート	二酸化ケイ素の殻をもつ生物の死がい。かたい。うすい塩酸をかけても気体は発生しない。	

▲ **堆積岩の種類と特徴**
泥岩・砂岩・れき岩は流水のはたらきでできた堆積岩で，粒の大きさによって区別される。

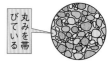

基礎力チェック問題

(1) 岩石が気温の変化や水などの作用で，表面からくずれる現象を何というか。　[　　　]

(2) 土砂が堆積するとき，[大きい粒　小さい粒]ほど海岸近くに堆積する。　[　　　]

(3) れき岩や砂岩をつくる粒は[丸みを帯びている　角ばっている]。　[　　　]

(4) 火山灰などが固まってできた堆積岩を何というか。　[　　　]

(5) [チャート　石灰岩]にうすい塩酸をかけると二酸化炭素が発生する。　[　　　]

化石，大地の変動

❶ 化石

(1) **化石**…地層に残された生物の死がいや生活の跡。

重要！
(2) **示相化石**…地層が堆積した当時の**環境**を推定することができる。

(3) **示準化石**…地層が堆積した**時代**を推定することができる。

(4) **地質年代**…地層や化石をもとにした地球の歴史の時代区分。

❷ 大地の変動

(1) **地層の変形**…プレートが動くことによって力がはたらいて，地層が変形する。

①**断層**…地層が切れてずれたもの。ずれるときの振動が地震となる。

②**しゅう曲**…おし縮める力がはたらき，地層が波打つように曲がったもの。

(2) **隆起と沈降**…土地がもち上がることを**隆起**，土地が沈むことを**沈降**という。

(3) **プレートの境界**…火山活動や地震が多い。

①**海嶺**…海底の大山脈。プレートができる場所。

②**海溝**…海底の溝状の地形。海洋プレートが沈みこむ場所にできる。

③**大陸プレートどうしが衝突する場所**…ヒマラヤ山脈のような**大山脈**ができる。

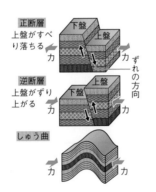

▲ 断層としゅう曲

正断層
上盤がすべり落ちる

逆断層
上盤がずり上がる

しゅう曲
おし縮める力がはたらき

ずれの方向

くわしく！

示相化石の条件

なるべく現在も生きていて，生存できる環境が限られている生物が適する。

示相化石	当時の環境
サンゴ	あたたかくて浅い海
アサリ・ハマグリ	岸に近い浅い海
シジミ	海水と淡水の混じる河口付近や湖
ブナ・シイ	温帯で，やや寒冷な地域

くわしく！

示準化石の条件

広範囲にすんでいて栄えた期間が短く，その後絶滅した生物が適する。

地質年代	示準化石
古生代	フズリナ サンヨウチュウ
中生代	恐竜のなかま アンモナイト
新生代	ビカリア メタセコイア マンモス ナウマンゾウ

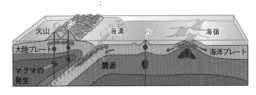

▲ プレートの動きと地震・火山

火山　海溝　海嶺
大陸プレート　海洋プレート
マグマの発生　震源

解答はページ下 ✏

(6) 地層が堆積した当時の環境を推定できる化石を何というか。　　［　　　　　］

(7) アンモナイトは［新生代　中生代　古生代］の［示相　示準］化石である。　［　　，　　］

(8) 地層が切れてずれたものを何というか。　　［　　　　　］

(9) 地層に力がはたらいて，波を打ったように曲がったものを何というか。　［　　　　　］

(10) プレートが沈みこむ場所にできる海底の地形を［海溝　海嶺］という。　［　　　　　］

変動する大地

1 柱状図

地層の観察について，あとの問いに答えなさい。〔長崎県〕((4)のY10点　他9点×4)

図1に示した地図上の位置関係にある**P，Q，R**の3地点におけるボーリング調査をもとに柱状図を作成した。図2と図3は，それぞれ図1中の破線**aa′，bb′**における断面図に，作成した柱状図をかきこんだものである。これらの結果から，次のⅠ〜Ⅲのことがわかった。なお，図2と図3の**P**地点の柱状図は同じものであり，この地域において各層は平行に重なり，地層のしゅう曲や断層は見られない。

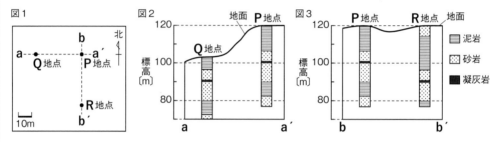

Ⅰ　P，Q，Rの3地点に①泥岩層，砂岩層，および凝灰岩層がある。

Ⅱ　P，Q，Rの3地点に見られる②凝灰岩層はすべて同じ地層である。

Ⅲ　③地層はすべて同じ方向に向かって低くなっている。

(1) この地域に見られる泥岩や砂岩など，泥や砂などが積み重なって長い年月をかけて押し固められた岩石を何というか。　　　　　　　　　　　　　　　　　[　　　　　　　　]

(2) 下線部①の岩石をつくる粒は，流水に運ばれたあとに地層をつくることが多い。このことから，これらの粒はどのような形の特徴が見られるか説明せよ。
　　　　　　　　　　　　　　　　　[　　　　　　　　　　　　　　　　　　　　]

(3) 凝灰岩層があることから，この地域で過去に起こったと推測される自然現象は何か。
　　　　　　　　　　　　　　　　　[　　　　　　　　　　　　　　　]

(4) 下線部②，下線部③について説明した次の文の（　X　）には適する語句を入れ，（　Y　）には下の語群から適する方向を選び，文を完成せよ。
　　　　　　　　　　　　　　　　　X[　　　　　　　] Y[　　　　　　]

　　P，Q，Rの3地点に見られる凝灰岩層のように，離れた地点の地層を比較する手がかりになる層を（　X　）という。図2，図3の凝灰岩層を（　X　）として，P，Q，Rの3地点の地層を比べると，この地域の地層は（　Y　）の方向に向かって低くなっていると考えられる。

　　Yの語群　ア　北東　　イ　北西　　ウ　南東　　エ　南西

アドバイス　☞ PとQの比較から，凝灰岩層の東西方向の傾きがわかる。

時間：	30 分	配点：	100 点	目標：	80 点
解答：	別冊 p.19		得点：		点

2 地層のでき方

果歩さんは，地層が地表に現れているところに行き，安全なことを確かめてから観察を始めた。図は地層のようすをスケッチしたものである。次の問いに答えなさい。〔宮崎県〕(9点×4)

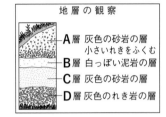

地層の観察
- A層 灰色の砂岩の層　小さいれきをふくむ
- B層 白っぽい泥岩の層
- C層 灰色の砂岩の層
- D層 灰色のれき岩の層

(1) 地層に上下の逆転がないことがわかっているとき，最も古く堆積したのはどの地層だと考えられるか。A層〜D層から1つ選べ。　　　　[　　　　　]

(2) 地層から化石が見つかることがある。サンゴやブナなどの化石は，地層ができた当時の環境を推定する手がかりとなる。このような化石を何というか。また，サンゴの化石が出てきた地層は，その当時どのような環境であったと考えられるか。最も適切なものをア〜エから1つ選べ。　　　　[　　　　　]

ア　示相化石という。その地層ができた当時は，あたたかくて浅い海であったと考えられる。
イ　示相化石という。その地層ができた当時は，あたたかくて深い海であったと考えられる。
ウ　示準化石という。その地層ができた当時は，あたたかくて浅い海であったと考えられる。
エ　示準化石という。その地層ができた当時は，あたたかくて深い海であったと考えられる。

(3) 次の文は，果歩さんが図の地層のでき方についてまとめたものの一部である。 ア にはC層，D層のどちらかを入れ， イ には適切な言葉を入れよ。

ア[　　　　　]　イ[　　　　　]

> 　C層ができたときとD層ができたときを比べると，この地点が河口や岸から離れていたと考えられるのは ア ができたときである。そのように考えた理由は，土砂が流れこんでくる海や湖では，粒の大きさが イ 粒の方が，河口や岸から遠く離れたところまで運ばれるからである。

3 堆積岩と地質年代

次の問いに答えなさい。(9点×2)

(1) 次のア〜エのうち，堆積岩であるチャートの特徴を述べたものとして最も適切なものを1つ選べ。〔岩手県〕　　　　[　　　　　]

ア　丸みを帯びた砂や泥の粒子をふくむ。
イ　ハンマーでたたくと火花が出るほどかたい。
ウ　石基の間に，大きな斑晶が散らばっている。
エ　うすい塩酸をかけると，とけて気体が発生する。

(2) 次のうち，フズリナやサンヨウチュウの化石をふくむ地層が堆積した年代はどれか。〔栃木県〕

ア　新生代　　　イ　中生代　　　ウ　古生代　　　エ　古生代より前　　　[　　　　　]

PART 24 | 気象観測, 水蒸気

必ず出る！要点整理

気象観測

❶ 気象観測と天気図

(1) **気温**…地上約 **1.5 m** の高さで風通しのよい日かげではかる。

(2) **湿度**…乾湿計ではかり，湿度表から求める。
　　　●乾球の示度と，乾球と湿球の示度の差から求める。

(3) **風向**…風がふいてくる方向を **16 方位**で表す。

(4) **雲量と天気**…降水がないとき，雲量で天気を区別する。

雲量	0, 1	2～8	9, 10
天気	快晴	晴れ	くもり

(5) **天気図記号**…天気，風向，風力を表す。

(6) **等圧線**…気圧が等しい地点を結んだ曲線。**1000 hPa** を基準に **4 hPa** ごとに引き，**20 hPa** ごとに太線にする。

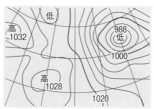

▲ 気圧配置

(7) **気圧配置**…高気圧や低気圧など，気圧の分布のようす。

①**高気圧**…等圧線が閉じていて，まわりより気圧が**高い**部分。

②**低気圧**…等圧線が閉じていて，まわりより気圧が**低い**部分。

❷ 圧力と大気圧

(1) **圧力**…単位面積（**1 m²**）あたりの面を垂直に押す力。単位は**パスカル**（記号 **Pa**）。$1 \text{ Pa} = 1 \text{ N/m}^2$

> 重要！

$$圧力〔Pa〕 = \frac{面を垂直に押す力〔N〕}{力がはたらく面積〔m^2〕}$$

(2) **大気圧（気圧）**…大気の重さによって生じる圧力。

●単位は**ヘクトパスカル**（記号 **hPa**）。1 気圧は約 **1013 hPa**。
　　●1 hPa＝100 Pa

くわしく！

気温と湿度の変化

晴れの日の気温…日の出前に最低に，昼過ぎに最高になる。
晴れの日の湿度…気温と逆の変化をする。
くもりや雨の日…気温・湿度の変化が小さい。

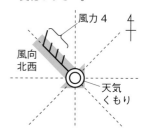

▲ **天気図記号** 風向は矢の向き，風力は矢羽根の数で表す。

快晴	◯	雨	●
晴れ	◐	雪	⊗
くもり	◎	雷	◓

▲ 天気記号

くわしく！

大気圧の性質

大気圧はあらゆる向きからはたらき，標高が高いほど小さくなる。
1 気圧は海面ではたらく大気圧の大きさである。

基礎力チェック問題

(1) 降水がなく，雲量 7 の天気は何か。 ［　　　　　］

(2) 気圧が等しい地点を結んだ曲線を何というか。 ［　　　　　］

(3) (2)が閉じている部分で，まわりより気圧が高い部分を何というか。 ［　　　　　］

(4) 単位面積あたりの面を垂直に押す力を何というか。 ［　　　　　］

(5) 大気圧は，標高が高いほど［小さく　大きく］なる。 ［　　　　　］

3 気圧と風

(1) **風**…気圧の高いところから低いところへふ
く。気圧の差が大きいほど強い風がふく。
●等圧線の**間隔**がせまいほど，**風が強い**。

(2) **高気圧と低気圧の風のふき方**…右図

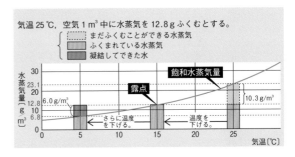

高気圧	低気圧

下降気流が
生じている

上昇気流が
生じている

地表付近で
は風は時計
回りにふき
出す。

晴れ

雨

地表付近で
は風は反時
計回りにふ
きこむ。

高

低

（北半球）　（北半球）

▲ 高気圧と低気圧

空気中の水蒸気

1 空気中の水蒸気

重要！

(1) **露点**…水蒸気が凝結を始めるときの温
度。空気中の水蒸気量で決まり，気温は
関係ない。
●水蒸気が水滴に変わること。

(2) **飽和水蒸気量**…空気 1 m³ 中にふくむこと
ができる水蒸気の質量の限度。

(3) **湿度**…飽和水蒸気量に対する，空気にふくまれる水蒸気量の割合。

重要！

$$湿度〔\%〕 = \frac{1\,m^3\,の空気にふくまれる水蒸気の質量〔g/m^3〕}{その空気と同じ気温での飽和水蒸気量〔g/m^3〕} \times 100$$

気温 25 ℃，空気 1 m³ 中に水蒸気を 12.8 g ふくむとする。

・・・ まだふくむことができる水蒸気
□ ふくまれている水蒸気
■ 凝結してできた水

飽和水蒸気量

露点

6.0 g/m³

10.3 g/m³

さらに温度
を下げる。

温度を
下げる。

水蒸気量〔g/m³〕

30
23.1
20
12.8
6.8

0　　5　　10　　15　　20　　25　　気温〔℃〕

▲ 気温の変化と水蒸気の関係

---

2 雲のでき方

(1) **雲のでき方**…空気が**上昇**すると**膨張**し，**温度が下がる**。→温度が
露点より下がると，水蒸気の一部が**凝結**して雲が発生。

(2) **雨や雪（降水）**…上空の雲をつくる水滴や氷の粒が成長すると落
下する。水滴や氷の粒が途中でとけて落ちてきたものが**雨**，氷の
粒がとけずに落ちてきたものが**雪**である。

くわしく！

雲をつくる実験

ピストンを引くとフラスコ内
の空気の温度が下がり，露点
以下になると白くくもる。

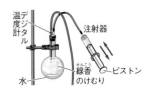

デジタル
温度計

注射器

水

線香
のけむり

ピストン

解答はページ下

(6) 等圧線の間隔がせまいところほど，風は ［弱く　強く］ ふく。　　　　　　　　［　　　　　　　　　］

(7) 低気圧の中心付近では，［上昇気流　下降気流］ が生じている。　　　　　　　［　　　　　　　　　］

(8) 空気中の水蒸気の一部が凝結を始めるときの温度を何というか。　　　　　　　［　　　　　　　　　］

(9) (8)が変化しないとき，気温が高いほど，湿度は ［高く　低く］ なる。　　　　　　［　　　　　　　　　］

(10) 空気が上昇して水蒸気が凝結し，水滴などが上空に浮かんだものを何というか。　　［　　　　　　　　　］

気象観測, 水蒸気

1　気温と湿度の日変化

図は，茨城県内のある場所で，3時間ごとの気温，湿度を2日間観測し，天気を記録したものである。この観測記録から考察したこととして正しいものを下のア〜エから1つ選びなさい。ただし，図中のA，Bは気温，湿度のいずれかを表している。〔茨城県〕(11点)

[　　　]

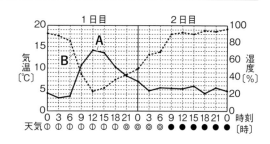

ア　晴れた日の日中は気温が上がると湿度が下がることが多いことから，Aが気温，Bが湿度を表す。

イ　くもりや雨の日の日中は気温が上がると湿度が下がることが多いことから，Aが気温，Bが湿度を表す。

ウ　くもりや雨の日の日中は，気温・湿度とも変化が小さいことから，Aが湿度，Bが気温を表す。

エ　晴れた日の日中は，気温・湿度とも変化が小さいことから，Aが湿度，Bが気温を表す。

2　天気図記号と気圧

次の問いに答えなさい。(11点×4)

よく出る!　(1)　右の図の天気図記号で表している天気と風向をそれぞれ書け。〔佐賀県〕

天気[　　　　　　　]
風向[　　　　　　　]

(2)　天気予報などに用いられる気圧について述べた文として最も適切なものを次のア〜ウから選べ。〔佐賀県・改〕　　　[　　　]

ア　単位はhPa（ヘクトパスカル）が用いられ，1 hPaは，1 m²あたり1 Nの力がはたらいていることを表す。

イ　気圧が1000 hPaよりも高いところを高気圧，1000 hPaよりも低いところを低気圧という。

ウ　気圧は，空気にはたらく重力によって生じているので，標高が高くなるほど気圧は低くなる傾向がある。

よく出る!　(3)　北半球の低気圧における地表をふく風と中心付近の気流として最も適当なものを右のア〜エから1つ選べ。〔香川県〕

[　　　]

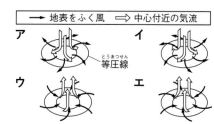

3　　圧力

物体にはたらく圧力について調べるため，次の〔実験〕を行った。あとの問いに答えなさい。〔愛知県・改〕(12点)

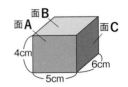

〔実験〕　① 右の図のような，重さが6Nで各辺の長さが4cm，5cm，6cmの直方体**Q**を用意した。

② 直方体**Q**を面**A**，面**B**，面**C**がそれぞれ下になるようにしてスポンジの上に置いた。直方体**Q**が最も深く沈んだときの，スポンジが直方体の面から受ける圧力は何Paか。最も適当なものを**ア～ケ**から選べ。　[　　　]

ア 3000 Pa　　**イ** 2500 Pa　　**ウ** 2000 Pa　　**エ** 30 Pa　　**オ** 25 Pa

カ 20 Pa　　**キ** 0.3 Pa　　**ク** 0.25 Pa　　**ケ** 0.2 Pa

4　　湿度

実験室の湿度について調べるために，次のⅠ，Ⅱの手順で実験を行った。次の問いに答えなさい。ただし，右の表は気温ごとの飽和水蒸気量を示している。

気温〔℃〕	0	2	4	6	8	10	12	14	16	18	20	22	24
飽和水蒸気量〔g/m³〕	4.8	5.6	6.4	7.3	8.3	9.4	10.7	12.1	13.6	15.4	17.3	19.4	21.8

また，コップの水温とコップに接している空気の温度は等しいものとし，実験室内の湿度は均一で，実験室内の体積は 200 m³ であるものとする。〔新潟県〕(11点×3)

Ⅰ　ある日，気温20℃の実験室で，金属製のコップに，くみおきした水を3分の1くらい入れ，水温を測定したところ，実験室の気温と同じであった。

Ⅱ　右の図のように，ビーカーに入れた0℃の氷水を金属製のコップに少し加え，ガラス棒でかき混ぜて，水温を下げる操作を行った。この操作をくり返し，コップの表面に水滴がかすかにつき始めたとき，水温を測定したところ，4℃であった。

(1) コップの表面に水滴がかすかにつき，くもりができたときの温度を何というか。　[　　　]

(2) この実験室の湿度は何％か。小数第1位を四捨五入して求めよ。　[　　　]

(3) この実験室で，水を水蒸気に変えて放出する加湿器を運転したところ，室温は20℃のままで，湿度が60％になった。このとき，加湿器から実験室内の空気 200 m³ 中に放出された水蒸気量はおよそ何gか。次の**ア～オ**から選べ。　[　　　]

ア 400 g　　**イ** 800 g　　**ウ** 1040 g　　**エ** 1600 g　　**オ** 2080 g

アドバイス ☞ まず，気温20℃，湿度60％の空気 1 m³ 中の水蒸気量を求めよう。

PART 25 ｜ 前線と天気の変化

必ず出る！要点整理

前線の通過と天気の変化

❶ 気団と前線

(1) **気団**…気温や湿度がほぼ一様な大きな空気のかたまり。

(2) **前線**…2つの気団がぶつかってできる**前線面**と地表面が交わるところ。

▲ 日本付近で発達する気団

❷ 前線と天気の変化

(1) **寒冷前線**…寒気が暖気を押し上げて進む。強い上昇気流が生じ，**積乱雲**が発達。

〔重要！〕
①**通過時**…強い雨が短時間降る。
②**通過後**…風は**北寄り**に変わり，気温が**急に下がる**。

(2) **温暖前線**…暖気が寒気の上にはい上がり，寒気を押して進む。ゆるやかな上昇気流が生じ，層状の雲（**乱層雲**など）ができる。

〔重要！〕
①**通過時**…弱い雨が長時間降る。
②**通過後**…風が**南寄り**に変わり，**気温が上昇**。

(3) **温帯低気圧**…中緯度帯で発生し，南西方向に**寒冷前線**，南東方向に**温暖前線**をともない，西から東へ移動。❶日本をふくむ

(4) **日本付近の天気の変化**…低気圧や高気圧の移動により，天気は**西から東へ**移り変わる。

▲ 寒冷前線と温暖前線の構造

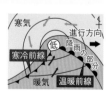

▲ 温帯低気圧

くわしく！

気団の性質
①大陸の気団は**乾燥**していて，海上の気団は**湿って**いる。
②高緯度の気団は**気温が低く**，低緯度の気団は**気温が高い**。

くわしく！

前線の種類と記号
①**寒冷前線**（　▼▼▼　）
②**温暖前線**（　●●●　）
③**停滞前線**（　▼●▼●　）
寒気と暖気の勢力がほぼ同じ。ほとんど移動しない。雨やくもりの日が続く。
④**閉塞前線**（　▲●▲●　）
寒冷前線が温暖前線に追いついてできる。

Q. 基礎力チェック問題

(1) 気温や湿度がほぼ一様な，大きな空気のかたまりを何というか。　［　　　　　　］

(2) 暖気が寒気の上にはい上がり，寒気を押して進む前線を何というか。　［　　　　　　］

(3) 寒冷前線の前線付近では，〔乱層雲　積乱雲〕などの雲ができる。　［　　　　　　］

(4) 寒冷前線が通過したあと，ふつう気温はどうなるか。　［　　　　　　］

(5) 温帯低気圧は南東方向に（　　）前線，南西方向に（　　）前線をともなう。［　　　，　　　］

大気の動き，日本の天気

① 大気の動き

(1) **偏西風**…中緯度帯の上空で1年中ふいている強い**西寄り**の風。この風によって低気圧や移動性高気圧はおよそ**西から東**へ移動する。

(2) **冬の季節風**…大陸→海，**北西**の風がふく。
　　▶冬は大陸の気圧が高くなる。

(3) **夏の季節風**…海→大陸，**南東**の風がふく。
　　▶夏は海上の気圧が高くなる。

(4) **海風**…晴れの日の日中，海から陸地に向かってふく風。
　　▶日中は海上の気圧が高くなる。

(5) **陸風**…晴れの日の夜，陸地から海に向かってふく風。
　　▶夜は陸上の気圧が高くなる。

ユーラシア大陸
夏
冬
太平洋

▲ 季節風

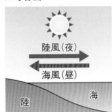

陸風（夜）
海風（昼）
陸　　海

▲ 海陸風
陸は海よりもあたたまりやすく，冷めやすい。

② 日本の四季の天気

(1) **冬の天気**…シベリア高気圧が発達し，**西高東低**の気圧配置。北西の季節風がふき，日本海側は**雪**，太平洋側は**晴れ**になることが多い。
　　▶シベリア気団をつくる。
　　▶西の大陸上に高気圧，東の海上に低気圧。

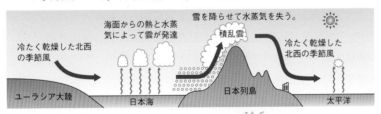

冷たく乾燥した北西の季節風
海面からの熱と水蒸気によって雲が発達
雪を降らせて水蒸気を失う。
積乱雲
冷たく乾燥した北西の季節風
ユーラシア大陸　日本海　日本列島　太平洋

(2) **春や秋の天気**…移動性高気圧や低気圧が**交互に通過**する。
　　▶天気が周期的に変化する。

(3) **夏の天気**…太平洋高気圧が発達し，**南高北低**の気圧配置。南東の季節風がふき，蒸し暑い。
　　▶小笠原気団をつくる。
　　▶南に高気圧，北に低気圧。

(4) **つゆの天気**…停滞前線（梅雨前線）により，**くもりや雨**の日が続く。

(5) **台風**…最大風速が**17.2 m/s**以上の熱帯低気圧。大雨と強風。

冬
大陸に高気圧がある
太平洋側に低気圧がある
等圧線が南北に密にのびる

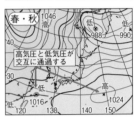

春・秋
高気圧と低気圧が交互に通過する

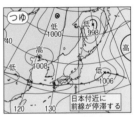

つゆ
日本付近に前線が停滞する

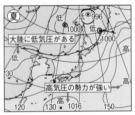

夏
大陸に低気圧がある
高気圧の勢力が強い

▲ 日本の四季の天気図

解答はページ下

(6) 中緯度帯の上空で1年中ふいている強い西寄りの風を何というか。　[　　　]

(7) 日本の冬には，[南東　北西]方向からの季節風がふく。　[　　　]

(8) [昼間　夜間]に海から陸に向かってふく風を[海風　陸風]という。　[　　，　　]

(9) 西高東低の気圧配置が現れるのは[夏　つゆ　冬]である。　[　　　]

(10) つゆの時期の雨やくもりの天気は，何という前線によるものか。　[　　　]

PART
25

前線と天気の変化

1

前線の通過と天気の変化

図1は3月10日9時の天気図である。X－Y，X－Z は寒冷前線，温暖前線のいずれかを表しており，地点 A では3月10日の6時から9時の間に X－Y の前線が通過していることがわかっている。図2は，図1の A 地点での3月9日12時から3月10日21時までの気象観測の結果を示している。あとの問いに答えなさい。〔富山県〕(8点×7)

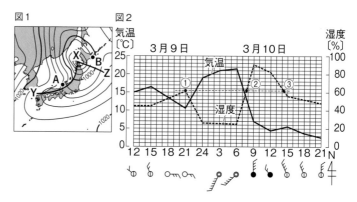

(1) 図1の X－Y，X－Z を前線を表す記号で右にかけ。

(2) 地点 A では，X－Y の前線が通過する前後で天気と風向はそれぞれどのように変化したか。図2の天気図記号をもとに前後のようすを読みとり答えよ。

天気[　　　　→　　　　]，風向[　　　　→　　　　]

(3) 寒冷前線付近の空気のようすと温暖前線付近の空気のようすを説明したものはどれか。ア～カからそれぞれ1つずつ選べ。　寒冷前線[　　]　温暖前線[　　]

ア　もぐりこもうとする寒気とはい上がろうとする暖気がぶつかり合う。

イ　もぐりこもうとする暖気とはい上がろうとする寒気がぶつかり合う。

ウ　寒気が暖気の下にもぐりこみ，暖気を押し上げる。

エ　暖気が寒気の下にもぐりこみ，寒気を押し上げる。

オ　寒気が暖気の上にはい上がり，暖気を押しやる。

カ　暖気が寒気の上にはい上がり，寒気を押しやる。

(4) 図1のとき，地点 A，B 付近の気象について説明した次の文のうち，正しいものはどれか。ア～エからすべて選べ。　　　　　　　　　　　　　[　　　　　]

ア　地点 A と地点 B を比較すると，地点 B の方が気圧が高い。

イ　地点 A と地点 B を比較すると，地点 A の方が気圧が高い。

ウ　地点 A と地点 B を比較すると，地点 A の方が積乱雲が発達しやすい。

エ　地点 A と地点 B を比較すると，地点 A の方が乱層雲が発達しやすい。

(5) 図2の①～③はいずれも湿度が同じ値になっている。湿度が①～③の状態の空気を，1 m³ 中にふくまれる水蒸気が多い順に並べ，①～③の記号で答えよ。ただし，気圧などの条件は考えなくてもよいものとする。　　　　　　　　　　[　　　　　]

2 日本の天気

図1，図2，図3は
日本の季節に見られ
る特徴的な天気図で
ある。次の問いに答
えなさい。

〔沖縄県〕(7点×4)

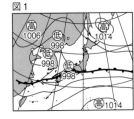
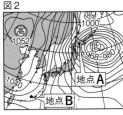
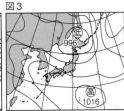

(1) 図1〜図3の天気図はそれぞれどの季節のもの
か。右の**ア〜カ**から1つ選べ。　　　[　　]

	図1	図2	図3		図1	図2	図3
ア	春	夏	梅雨	**イ**	冬	秋	春
ウ	梅雨	冬	夏	**エ**	春	冬	梅雨
オ	冬	秋	夏	**カ**	梅雨	夏	冬

(2) 図2の地点**A**と地点**B**の2地点のうち，強い風がふくのはどちらか。　[　　]

(3) 次の文は，図1〜図3を説明している。（　①　），（　②　）にあてはまる語句を答えよ。た
だし，（　②　）は漢字4字で答えること。　①[　　　　]　②[　　　　]

> 図1．日本付近で，北の冷たくしめったオホーツク海気団と，南のあたたかくてしめった
> （　①　）気団との間に停滞前線ができる。
> 図2．シベリア気団が発達し（　②　）の気圧配置になることで，日本へ季節風がふく。
> 図3．海上の（　①　）気団が南から大きく張り出して，日本へ季節風がふく。

3 天気の移り変わり

図1〜3は，2019
年4月27日から
29日のいずれか
の午前9時にお
ける日本付近の天
気図である。ま
た，下の□□□は，日本の春の天気についてまとめたものである。あとの問いに答えなさい。

〔山形県・改〕(8点×2)

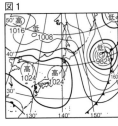
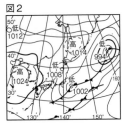
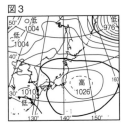

> 春の天気は，高気圧と低気圧が日本列島を交互に通り，晴れの日と雨の日をくり返す。
> これは，日本が位置する中緯度地域の上空にふく□ a □という強い風が影響している。
> この風の影響により，春の天気は西から東へ移り変わることが多い。

(1) □ a □にあてはまる語を書け。　　　　　　　　[　　　　]

(2) 図1〜3を，日づけの早い順に並べよ。　　　[　　　　]

PART 26 地球の運動と天体の動き

必ず出る！要点整理

地球の自転と天体の動き

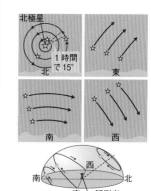

北極星
北極
西
地軸
北極星
地球は西から東へ回転
南極

▲ 地球の自転

❶ 地球の自転と天球

(1) **地球の自転**…地球が地軸を軸として回転すること。

　①**地軸**…地球の北極と南極を結ぶ軸。

　②**自転の向きと速さ**…**西から東へ**1日に1回自転する。

(2) **天球**…大空を，地球を中心とした半径の非常に大きな球面と考えたもの。すべての天体が天球の球面にあると考える。

　●天球は地軸を中心に，**東から西へ**1日に1回転する。

❷ 天体の1日の動き

(1) **星の日周運動**…地球の自転による見かけの動き。
　　▶ 天体の1日の動きを日周運動という。

【重要！】
星は，たがいの位置関係を変えずに，全体として**東から西へ**1時間に約15°動き，1日で1回転する。
　　▶ 24時間で，15°×24＝360°回転（1回転）する。

　●**北の空の星の動き**…北極星（地軸を延長した付近にある）をほぼ中心に反時計回りに回転する。

北極星
1時間で15°
北
東
南
西

星は全体としては，東から西へ1日に1回転して見える。

南
西
北
東
観測者

▲ 東西南北の星の動き

(2) **太陽の日周運動**…地球の自転による見かけの動き。東から出て南の空を通り，西に沈む。

　①1時間に約15°動き，1日で1回転する。

　②**南中**…太陽が真南にくること。このときの高度を**南中高度**といい，1日のうちで最も高い。

太陽
サインペン
南中高度
南中
A
日の入り
西
南
北
B 日の出
C東

A点は12時，B点は8時の記録

▲ 透明半球を使った太陽の日周運動の観測

・曲線AB＝15 cm，曲線BC＝3 cmのときの日の出の時刻の求め方

1時間の長さ
15 cm÷4＝3.75 cm
3÷3.75＝0.8時間＝48分
日の出の時刻は8時より48分前の7時12分

Q.
基礎力チェック問題

(1) 地球は，地軸を回転の軸として［東から西　西から東］へ回転している。　［　　　　　］

(2) 地球の自転による天体の見かけの動きを何というか。　［　　　　　］

(3) 星は，東から西へ1時間に約［10°　15°　30°］動いて見える。　［　　　　　］

(4) 北の空の星は，何という星をほぼ中心にして回転して見えるか。　［　　　　　］

(5) 太陽が真南にくることを何というか。　［　　　　　］

POINT ☞

日周運動や年周運動で天体の動く角度をしっかりつかもう！

範囲　**中3**

地球の公転と天体の動き，季節の変化

❶ 地球の公転と天体の動き

(1) **地球の公転**…地球は 1 日に 1 回自転しながら，1 年に 1 回公転している。

①**公転の向き**…地球の**自転と同じ向き**。地球の北極側から見て反時計回りである。

②**公転の速さ**…1 か月では約 30°公転する。

(2) **星の年周運動**…地球の公転による見かけの動き。
▶ 天体の 1 年の動きを年周運動という。

[重要！]

①**同じ時刻に見える位置**…東から西へ，1 か月に約 30°動く。
◉ 360°÷12 = 30°

②**同じ位置に見える時刻**…1 日で 4 分，1 か月で約 2 時間早まる。

(3) **太陽の年周運動**…星座を基準にすると，太陽は**決まった星座の間を西から東へ移動して見え**，1 年でもとにもどる。
●**黄道**…地球の公転による天球上の太陽の見かけの通り道。

❷ 地軸の傾きと季節の変化

(1) **地軸の傾き**…地球の地軸は，**公転面に立てた垂線に対して 23.4°傾いている。**

(2) **北半球の太陽の南中高度**…**夏至**で最高，**冬至**で最低。

(3) **昼の長さ**…北半球では**夏至が最長**，**冬至**で最短。

(4) **季節の変化**…地球は**地軸を傾けて公転している**ため，太陽の南中高度，昼の長さが変わり，地表面が受ける日光の量が変化して**季節の変化**が生じる。
●昼が長く，太陽の南中高度が高いほど，地表が受ける日光の量が多い。

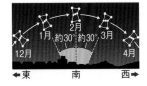

▲ オリオン座の年周運動（午後 8 時）

季節	真夜中に見える星座	太陽の後ろにある星座
春	しし座	ペガスス座
夏	さそり座	オリオン座
秋	ペガスス座	しし座
冬	オリオン座	さそり座

▲ 四季の星座

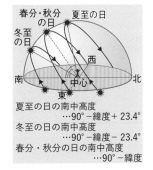

夏至の日の南中高度
…90°－緯度＋23.4°
冬至の日の南中高度
…90°－緯度－23.4°
春分・秋分の日の南中高度
…90°－緯度

▲ 太陽の日周運動の変化

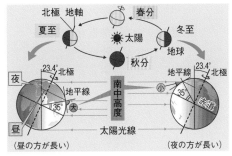

▲ 地軸の傾きと南中高度・北半球の昼の長さ

解答はページ下 ✐

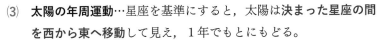

(6) 地球の公転の向きは，自転と［同じ　反対］向きである。　　　［　　　　　］

(7) 同じ時刻に見える星の位置は，1 か月に約［15°　30°］ずつ西へ動く。　［　　　　　］

(8) 星が同じ位置に見える時刻は，1 か月に約［1　2　3］時間早くなる。　［　　　　　］

(9) 地球の公転による天球上の太陽の見かけの通り道を何というか。　［　　　　　］

(10) 太陽の南中高度が最も高くなるのは，［春分　夏至　秋分　冬至］である。　［　　　　　］

1 　太陽の透明半球上の動き

太陽の動きに関する次の観測を行った。以下の問いに答えなさい。〔石川県〕((6)理由7点　他6点×6)

［観測］ 石川県内の地点Xで，よく晴れた春分の日に，9時から15時まで2時間ごとに，太陽の位置を観測した。図1のように，観測した太陽の位置を透明半球の球面に記録し，その点をなめらかな曲線で結んだ。なお，点Oは観測者の位置であり，点A〜Dは，点Oから見た東西南北のいずれかの方位を表している。また，表は，地点Xの経度と緯度を示したものである。

図1

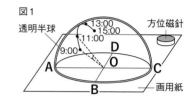

経度	緯度
東経136.7度	北緯36.6度

(1) 太陽は，自ら光を出す天体である。このような天体を何というか。よく出る！

[　　　　　]

(2) 観測者から見た北はどちらか。図1のA〜Dから選べ。

[　　　　]

(3) 9時に記録した点をP，11時に記録した点をQとする。∠POQは何度か。次のア〜エから1つ選べ。よく出る！

[　　　　]

　ア 15度　　　　**イ** 20度　　　　**ウ** 25度　　　　**エ** 30度

(4) 地点Xで，春分の日の太陽の南中高度は何度か。ただし，地点Xの標高を0mとする。

[　　　　　]

(5) 地点Xで，春分の日に行った観測と同じ手順で，夏至の日，冬至の日にも太陽の位置を観測し，9時に記録した点から15時に記録した点までの曲線の長さを調べた。曲線の長さについて述べたものを次のア〜エから1つ選べ。

[　　　　]

　ア 春分の日が最も長い。

　イ 夏至の日が最も長い。

　ウ 冬至の日が最も長い。

　エ すべて同じである。

(6) 図2は，太陽の光が当たっている地域と当たっていない地域を表した図である。このように表されるのは地点Xではいつごろか。次のア〜エから1つ選べ。また，そう判断した理由を「自転」，「地軸」という語句を用いて書け。ハイレベル

記号[　　　　]

図2
太陽の光が当たっていない地域　　　太陽の光が当たっている地域

境界線 地点X

緯度〔度〕
45
40
35
30
25
120 125 130 135 140 145 150 155
経度〔度〕

　ア 夏至の日の朝方　　　**イ** 夏至の日の夕方

　ウ 冬至の日の朝方　　　**エ** 冬至の日の夕方

理由[　　　　　　　　　　　　　　　　　　　　　　　]

（アドバイス）☞ 北極は，夏至の日は太陽の方向に，冬至の日は太陽と反対側に向いている。

2　地球の公転と四季

太陽と地球の関係について，次の問いに答えなさい。〔兵庫県・改〕(7点×3)

(1) 右の図は，太陽と公転軌道上の地球の位置関係を模式的に表したものである。**ア〜エ**は春分，夏至，秋分，冬至のいずれかの地球の位置を表している。日本が夏至のときの地球の位置を**ア〜エ**から1つ選べ。　[　　　]

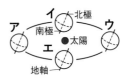

(2) 地球を北極側から見たときの，地球の自転の向きと公転の向きは，時計回り，反時計回りのどちらか。　　自転の向き[　　　　]　公転の向き[　　　　]

3　星の動き

福岡県のある地点で，10月20日の午後6時から午後10時まで2時間ごとに3回，カシオペヤ座と北極星を観察し，それぞれの位置を記録した。図1は，その観察記録である。また，図2は，10月20日の1か月後の11月20日の午後10時に，同じ地点でカシオペヤ座と北極星の位置を記録したものである。次の問いに答えなさい。〔福岡県〕(6点×6)

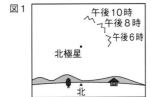

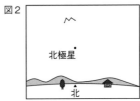

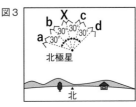

(1) 10月20日の観察で見られたカシオペヤ座の動きのように，1日の間で時間がたつとともに動く，星の見かけの運動を何というか。また，このような星の見かけ上の動きが起こる理由を簡潔に書け。　運動[　　　　]　理由[　　　　　　　　]

(2) 10月20日に観察している間に，北極星の位置がほぼ変わらないように見えた理由を，簡潔に書け。　　　　[　　　　　　　　　　]

(3) 図3の**X**は，図2に記録したカシオペヤ座の位置を示したものである。次の□□□は，図1と同じ時刻に観察したカシオペヤ座の位置のちがいに関心をもった生徒が，11月20日の2か月後の1月20日に，同じ地点で観察したときに見えたカシオペヤ座の**X**の位置にあった時刻について，図3を用いて説明した内容の一部である。文中の〔　　〕にあてはまる内容を，簡潔に書け。また，（　①　）にあてはまるものを，図3の**a〜d**から1つ選び，（　②　）には適切な数値を入れよ。　　内容[　　　　]　①[　　]　②[　　]

> 　1月20日の午後10時に見えたカシオペヤ座は，地球が〔　　　〕することから（　①　）の位置にあったといえます。このことから，1月20日に見えたカシオペヤ座が，**X**の位置にあった時刻は，午後（　②　）時だといえます。

PART 27 ｜ 太陽系と銀河系

必ず出る！要点整理

太陽系と宇宙

① 太陽と太陽系

(1) **太陽**…高温の気体で，自ら光を放つ。

　①表面温度は約6000℃，黒点の温度は約4000℃。

　②黒点の動きから，太陽は**球形**で**自転している**ことがわかる。

(2) **太陽系**…太陽とそのまわりを回る天体の集まり。

(3) **惑星**…太陽に近い順に，**水星，金星，地球，火星，木星，土星，天王星，海王星**の8個がある。

　①地球型惑星…岩石でできている密度の大きい惑星。**火星**とその内側にある**地球，金星，水星**。

　②木星型惑星…ガスなどでできている密度の小さい惑星。火星より外側にある**木星，土星，天王星，海王星**。

　③惑星は，ほぼ**同じ平面上を同じ向きに公転**しているため，**黄道**付近に見られる。太陽から遠い惑星ほど公転の周期が長い。

② 宇宙の広がり

(1) **恒星**…太陽や星座をつくる，自ら光を放つ天体。

　●恒星までの距離は**光年**（1光年は光が1年間に進む距離），明るさは**等級**で表す。

　●1等級ちがうと，明るさは約2.5倍ちがう。

(2) **銀河系**…太陽をふくむ約2000億個の恒星の集団。

　●天の川銀河ともよばれる。

　●**天の川**は，地球から銀河系の中心方向を見たもの。

(3) **銀河**…数億〜数千億個の恒星の集団。銀河系もその1つ。

▲ 黒点の動きと形　黒点は東から西へ移動する。

▲ 太陽系のようす

くわしく！

木星…最も大きな惑星。
土星…円盤状の環がある惑星。
衛星…惑星のまわりを公転する天体。月は地球の衛星。

▲ 銀河系の構造　恒星がうずを巻いた円盤状に集まっている。

(1) 太陽の表面に見られる黒点は，まわりより温度が［低い　高い］。　［　　　］

(2) 地球のように，太陽のまわりを公転している天体を何というか。　［　　　］

(3) ［地球　木星］型惑星は，ガスなどでできていて，密度が小さい。　［　　　］

(4) 太陽のように自ら光を放っている天体を何というか。　［　　　］

(5) 太陽系をふくむ，(4)の天体の集団を何というか。　［　　　］

太陽の黒点，金星や月の動きと見え方をおさえよう！

月と金星の見え方

❶ 月の見え方

(1) **月の公転と満ち欠け**…月は太陽の光を反射しながら，**地球の自転と同じ向き**に公転している。

①**月の満ち欠け**…新月→三日月→上弦の月→満月→下弦の月→新月。満ち欠けの周期は約 29.5 日。

②**同じ時刻に見える月の位置**…月は，形を変えながら**西から東**へ動いていく。
▶夕方見える月は，三日月（南西）→上弦の月（南）→満月（東）と変化する。

(2) **日食**…太陽の一部または全部が**月でかくされる**現象。**新月**のとき起こる。
▶太陽－月－地球の順に一直線に並ぶ。

(3) **月食**…**月が地球の影の中**に入る現象。**満月**のとき起こる。
▶太陽－地球－月の順に一直線に並ぶ。

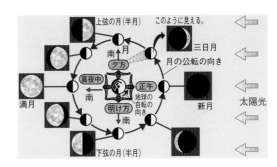

▲ 月の公転と満ち欠け

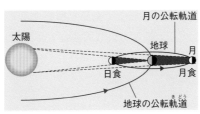

▲ 日食と月食

❷ 金星の見え方

重要！

(1) 金星は，**夕方の西の空か，明け方の東の空**に見え，**真夜中には見えない**。

(2) 金星は，地球に近い位置にあるほど，三日月形に**大きく欠けて，大きく見える**。

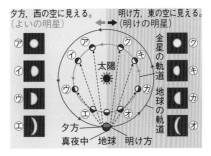

▲ 金星の見え方　太陽と重なるときは見えない。

くわしく！

地球から見た太陽と月の大きさ

太陽の直径は月の直径の約 **400 倍**，地球から太陽までの距離は地球から月までの距離の約 **400 倍**あるので，地球から見た太陽と月はほぼ同じ大きさである。

くわしく！

内惑星…地球より内側を公転する惑星。水星，金星。満ち欠けする。

外惑星…地球より外側を公転する惑星。火星，木星，土星，天王星，海王星。ほとんど満ち欠けせず，真夜中に見ることができる。

解答はページ下

(6) 夕方，南の空に見える月は［新月　満月　上弦の月］である。　　　［　　　　　　　］

(7) 同じ時刻に見える月の位置は，［東から西　西から東］へ動いていく。　［　　　　　　　］

(8) 太陽－月－地球と並び，太陽が月にかくされる現象を何というか。　　　［　　　　　　　］

(9) 金星が東の空に見えるときは，［夕方　明け方］である。　　　　　　　［　　　　　　　］

(10) 金星が地球に近い位置にあるほど，見かけの大きさは［小さくなる　大きくなる］。［　　　　　　　］

PART
27

太陽系と銀河系

---

1 金星と月の見え方

 よく出る！

ある日の明け方，真南に半月が見え，東の空に金星が見えた。次の問いに答えなさい。〔富山県〕(7点×6)

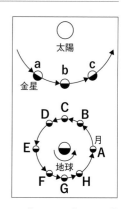

(1) 金星は朝夕の限られた時間しか観察することができない。理由を簡潔に書け。

[   ]

(2) 図は，静止させた状態の地球の北極の上方から見た，太陽，金星，地球，月の位置関係を示したモデル図である。金星，地球，月は太陽の光が当たっている部分（白色）と影の部分（黒色）をぬり分けている。この日の月と金星の位置はどこと考えられるか。月の位置は**A～H**，金星の位置は**a～c**からそれぞれ１つずつ選べ。　　　月[   ] 金星[   ]

(3) この日のちょうど１年後に，同じ場所で金星を観察すると，いつごろ，どの方向に見えるか。次の**ア～エ**から選べ。ただし，地球の公転周期は１年，金星の公転周期は 0.62 年とする。

[   ]

　ア　明け方，東の空に見える。
　イ　明け方，西の空に見える。
　ウ　夕方，東の空に見える。
　エ　夕方，西の空に見える。

(4) この日の２日後に同じ時刻に，同じ場所から見える月の形や位置として適切なものを次の**ア～エ**から選べ。

[   ]

　ア　２日前よりも月は満ちていて，位置は西側に移動して見える。
　イ　２日前よりも月は満ちていて，位置は東側に移動して見える。
　ウ　２日前よりも月は欠けていて，位置は西側に移動して見える。
　エ　２日前よりも月は欠けていて，位置は東側に移動して見える。

(5) 図において，月食が観察されるときの月の位置を**A～H**から選べ。

[   ]

---

2 金星と火星

ある日，日の出の１時間前に金星と火星を観察し，それぞれの位置を調べた。図１は，このときの結果をまとめたものである。また，図２は，観察を行った日の太陽（⬤）と金星（●），地球（○）の位置関係を模式的に示したものである。なお，円はそれぞれの公転軌道を，矢印（↘）は公転の向きを表している。次の問いに答えなさい。〔北海道〕(6点×5)

図1
高度
40°
30°
20°
10°
0°
金星　火星
東　　南東

解答: **別冊 p.22**　　得点:　　　　　　点

(1) 観察を行った日の金星を天体望遠鏡で観察し，上下左右が実際と同じになるようにスケッチしたものとして最も適当なものを**ア〜エ**から選べ。　　[　　　　]

図2

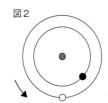

(2) 火星の公転軌道と，観察を行った日の火星（★）の位置を図2にかき加えたものとして最も適当なものを**ア〜エ**から選べ。　　[　　　　]

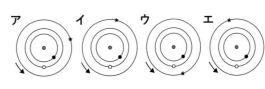

(3) 次の文の {　　} にあてはまるものを，それぞれ**ア**，**イ**から選べ。なお，金星の公転周期はおよそ 0.6 年，火星の公転周期はおよそ 1.9 年である。　①[　　]　②[　　]　③[　　]

> 　観察を行った日の 1 か月後の日の出の 1 時間前に，金星と火星を観察すると，観察を行った日に比べ，金星の高度は①｛**ア**　高く　**イ**　低く｝なり，金星と火星は②｛**ア**　離れて　**イ**　近づいて｝見えると考えられる。また，金星の見かけの大きさは③｛**ア**　大きく　**イ**　小さく｝なると考えられる。

(アドバイス)　☞　金星の公転周期は地球より短いので，1 か月後には地球から遠ざかっている。

3　　　　　　　　　　　　　　惑星と恒星の集団

次の問いに答えなさい。 (7点×4)

(1) 次のうち，最も直径が大きい惑星はどれか。〔栃木県〕　　[　　　　]

ア 火星　　　　**イ** 水星　　　**ウ** 木星　　　**エ** 金星

(2) 太陽系の惑星は，大きさや平均密度のちがいにより地球型惑星と木星型惑星の 2 つのグループに分けられる。縦軸を直径，横軸を密度とし，直径と密度の関係図を作成した。地球型惑星と木星型惑星の分布の範囲をそれぞれ表したとき，最も適当なものを**ア〜エ**から 1 つ選べ。〔沖縄県〕　　[　　　　]

地球型惑星：◯　　木星型惑星：⬭

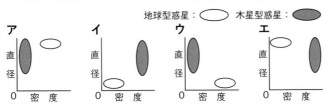

(3) 次の**ア〜エ**から，地球型惑星を 1 つ選べ。〔埼玉県〕　　[　　　　]

ア 火星　　　　**イ** 木星　　　**ウ** 土星　　　**エ** 天王星

(4) 地球は，半径約 5 万光年の，多数の恒星からなる集団に属している。地球が所属するこの集団を何というか。〔石川県〕　　[　　　　]

115

PART
28 │ # 科学技術と人間

必ず出る！要点整理

いろいろなエネルギーとその移り変わり

① いろいろなエネルギー

(1) **エネルギー**…物体を動かしたり，変形させたりするなど，物体に対して**仕事**をする能力。

(2) **いろいろなエネルギー**…位置エネルギーや運動エネルギーのほかに，**電気エネルギー**，**熱エネルギー**，物質がもつ**化学エネルギー**，**光エネルギー**，**音エネルギー**，**核エネルギー**などがある。

② エネルギーの移り変わりと保存

(1) いろいろなエネルギーは，いろいろな器具や装置によってたがいに**移り変わる**。

[重要！] (2) **エネルギーの保存**…エネルギー（エネルギー保存の法則）が移り変わるとき，**エネルギーの総量は一定**に保たれる。

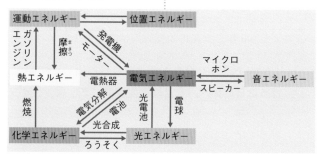

▲ エネルギーの移り変わり

(3) **エネルギーの変換効率**…はじめに投入されたエネルギーに対して，利用できるエネルギーの割合。

(4) **熱の伝わり方**
　①**伝導（熱伝導）**…熱が高温の物体から接している低温の物体に移動する伝わり方。
　②**対流**…あたためられた物質が移動して熱が全体に伝わること。（液体や気体）
　③**放射（熱放射）**…太陽などが，離れたものを直接あたためるような熱の伝わり方。高温の物体が光や**赤外線**を出し，当たった物体に熱が直接伝わる。

Q. 基礎力チェック問題

(1) 物体に対して仕事をする能力を何というか。　[　　　　　　]

(2) 光エネルギーを電気エネルギーに変換する装置は［光電池　電球］である。[　　　　　　]

(3) 物質がもっているエネルギーを何というか。　[　　　　　　]

(4) エネルギーの変換で，その総量が一定に保たれることを何というか。[　　　　　　]

(5) 高温の物体から接する低温の物体に熱が移動する伝わり方を何というか。[　　　　　　]

エネルギー資源, 科学技術の発展

❶ エネルギー資源

(1) 発電の方法

①**水力発電**…ダムにためた水の位置エネルギーを利用する。ダム建設による環境破壊（かんきょうはかい）が問題。

②**火力発電**…化石燃料の化学エネルギーを利用する。化石燃料の枯渇（こかつ），温室効果ガスである二酸化炭素の排出（はいしゅつ）などが問題。

③**原子力発電**…核燃料（かく）の核エネルギーを利用する。使用済み核燃料の処理や安全管理に問題が多い。

(2) 放射線（ほうしゃせん）…原子力発電の核分裂反応（かくぶんれつ）で発生。大量に浴びると危険。
◎P.21
放射線が人体に与える影響（あた）（えいきょう）を表す単位は**シーベルト**（記号 Sv）。

重要！ **(3) 再生可能エネルギー**…太陽光や風力，地熱，バイオマスなど。
◎ 安定的に確保することが課題。
枯渇することがなく，環境を悪化させない。

❷ 科学技術の発展

(1) コンピュータの普及（ふきゅう）…小型化，高性能化し，ネットワークが発展。

(2) 新素材…ファインセラミックス，**形状記憶合金**（きおく），**炭素繊維**（せんい），機能
◎ 天然の素材にはない優れた性質をもつ, 人工的につくられた素材.
性高分子（導電性高分子，吸水性高分子）など。

(3) 科学技術の進歩…ロボット，**AI**（人工知能），MRI，LED

(4) プラスチック…石油などから人工的に合成された有機物。合成樹脂（じゅし）ともいう。電気を通さない，さびない，加工しやすい，腐りに（くさ）くいなどの性質がある。

(5) 持続可能な社会（けいぞく）…自然環境を保全しながら豊かな生活を継続できる社会。

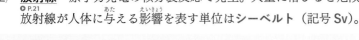

その他 9.2% / 水力 7.7% / 火力 76.9% / 原子力 6.2% / (2018年)

▲ 資源別発電量（日本）

●火力発電
化石燃料 → 化学エネルギー → 熱エネルギー 水蒸気 → 電気エネルギー 発電機

●水力発電
高い位置にある水 → 位置エネルギー → 電気エネルギー 発電機

●原子力発電
ウラン → 核エネルギー → 熱エネルギー 水蒸気 → 電気エネルギー 発電機

▲ 発電とエネルギー変換

📖 **用語**

バイオマス

エネルギー資源として利用できる間伐材（かんばつざい），家畜（かちく）のふんなどの生物体のこと。

🛩 **くわしく！**

おもなプラスチックと用途（ようと）

ポリエチレン（PE）…レジ袋（ぶくろ），食品用ラップなど。
ポリエチレンテレフタラート（PET）…ペットボトルなど。
ポリスチレン（PS）…CDケース，食品容器（発泡ポリ（はっぽう）スチレン）など。

解答はページ下 ✏

(6) 水の位置エネルギーを利用する発電方法は何か。 [ ]

(7) 日本で，資源別で発電量が最も多いのは［水力 火力 原子力］である。 [ ]

(8) 太陽光や風力のように，枯渇しないエネルギーを何というか。 [ ]

(9) 間伐材など，エネルギー資源として利用できる生物体を何というか。 [ ]

(10) レジ袋に使われているプラスチックは，［PS PE］である。 [ ]

高校入試実戦力アップテスト

PART 28　科学技術と人間

1　燃料電池とエネルギー

真理さんはノーベル化学賞受賞者の吉野彰さんが持続可能な社会の実現について語っているニュースを見て，エネルギー資源の有効利用について興味をもち，調べることにした。次の　　　内は，真理さんが，各家庭に普及し始めている燃料電池システムについてまとめたものである。次の問いに答えなさい。〔奈良県〕(9点×3)

> 　家庭用燃料電池システムは，都市ガスなどからとり出した水素と空気中の酸素が反応して水ができる化学変化を利用して電気エネルギーをとり出す装置である。電気をつくるときに発生する熱を給湯などに用いることで，エネルギーの利用効率を高めることができる。
>
>
> © PIXTA

(1) 下線部に関して，水素と酸素が反応して水ができる化学変化を化学反応式で書け。

[　　　　　　　　　　　　]

(2) 図1は従来の火力発電について，図2は家庭用燃料電池システムについて，それぞれ発電に用いた燃料がもつエネルギーの移り変わりを表したものである。なお，◯内は，燃料がもつエネルギーを100としたときの，エネルギーの割合を示している。

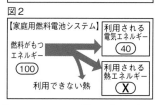

図1
【従来の火力発電】
燃料がもつエネルギー 100 → 利用される電気エネルギー 35
利用できない熱　送電中に損失する電気エネルギー

図2
【家庭用燃料電池システム】
燃料がもつエネルギー 100 → 利用される電気エネルギー 40／利用される熱エネルギー (X)
利用できない熱

①　図1において，送電中に損失する電気エネルギーは，おもにどのようなエネルギーに変わることで失われるか。最も適切なものを次のア～エから選べ。 [　　　]

ア　光エネルギー　　　イ　運動エネルギー　　　ウ　音エネルギー　　　エ　熱エネルギー

②　図2において，利用される電気エネルギーが，消費電力が40Wの照明器具を連続して10分間使用できる電気エネルギーの量であるとき，利用される熱エネルギーの量は34200Jである。Xにあてはまる値を書け。 [　　　　　　　]

2　エネルギー資源

次の問いに答えなさい。(8点×3)

(1) 再生可能エネルギー（自然エネルギー）の利用例として適当なものをア～エからすべて選べ。〔茨城県〕

ア　火力発電　　　イ　原子力発電　　　ウ　地熱発電　　　エ　風力発電 [　　　　　　]

(2) 太陽の　　　エネルギーは太陽電池により電気エネルギーに変換できる。　　　にあてはまる語を書け。〔茨城県・改〕 [　　　　　　]

(3) 農林業から出る作物の残りかすや家畜のふん尿，木くずなどを活用し，そのまま燃焼させたり，微生物を使って発生させたアルコールやメタンを燃焼させたりして発電する方法を何発電というか。〔鹿児島県〕 [　　　　　　]

3 　　　　　　　　　　　製品の素材

生活の中で使われるさまざまな製品の素材の性質を表に整理し，わかったことをノートにまとめた。次の問いに答えなさい。〔長野県〕(7点×7)

比較項目 / 製品の素材	① 平均的な密度[g/cm³]	② 耐熱性 60℃まで耐える	120℃まで耐える	260℃まで耐える	③ 電気を通しにくい	④ 燃えにくい	⑤ 腐らない	⑥ さびない	⑦ 成形や加工がしやすい
A 木	0.44	○	○	△	○	×	×	○	△
B 陶器	2.25	○	○	○	○	○	○	○	×
C 銅板	8.96	○	○	○	×	○	○	×	○
D 鉄板	7.87	○	○	○	×	○	○	×	○
E アルミニウム板	2.70	○	○	○	×	○	○	×	○
F ポリエチレンテレフタラート	1.39	○	○	×	○	×	○	○	○
G ポリエチレン	0.95	○	×	×	○	×	○	○	○
H ポリプロピレン	0.90	○	○	×	○	×	○	○	○
I ポリ塩化ビニル	1.40	○	×	×	○	△	○	○	○
J ポリスチレン	1.06	○	×	×	○	×	○	○	○

○：あてはまる，△：一部あてはまる，×：あてはまらない

> 〔ノート〕 金属とプラスチックは， あ ， い という点で共通した性質をもつが，異なる性質もある。金属は， う という点や耐熱性から，鍋などの調理器具に多く利用されている。一方，プラスチックは a軽く，持ち運びやすい。また， え という性質もあり，感電などを防ぐために電気製品に利用されている。しかし，プラスチックの性質から，その普及にともなう b問題も生じている。

(1) ノートの あ ～ え にあてはまる最も適切な比較項目を，表の ① ～ ⑦ から 1 つずつ選び，数字を書け。ただし， あ ～ え には，異なる比較項目が入る。また， あ ， い の順序は問わない。
　　あ [　　] い [　　] う [　　] え [　　]

(2) 5.0 g のポリエチレン製の袋 1 枚を燃焼させると，15.7 g の二酸化炭素が発生した。二酸化炭素 1.0 L の質量を 2.0 g とすると，燃焼で発生した二酸化炭素は何 L か，小数第 2 位を四捨五入して，小数第 1 位まで書け。　　　　　　　[　　]

(3) ノートの下線部 a について，2 種類の溶液に浮くか沈むかを調べることで，表の F ～ J から，J だけを選別しようとするとき，必要となる 2 種類の溶液の密度はそれぞれいくらか，次のア ～オから 2 つ選べ。　　　　　　　　　[　　]
　　ア 0.80 g/cm³　　イ 0.92 g/cm³　　ウ 1.00 g/cm³　　エ 1.21 g/cm³　　オ 1.41 g/cm³

(4) ノートの下線部 b について，近年，小さなプラスチックの破片がいたるところで見つかり問題になっている。この原因の 1 つは，同じ有機物である木にはない，プラスチックに共通する性質によるものである。その性質はどのようなものか，簡潔に書け。[　　]

PART 29 自然の中の人間

生態系と食物連鎖

❶ 食物連鎖

(1) **生態系**…生物と環境を1つのまとまりとしてとらえたもの。

(2) **食物連鎖**…食べる・食べられるという食物による生物のつながり。

重要！

(3) **生産者**…光合成で有機物をつくる生物。例 植物

(4) **消費者**…ほかの生物を食べて**有機物を得る**生物。
例 草食動物，肉食動物

(5) **食物連鎖での数量関係**…植物を底辺，肉食動物を頂点とするピラミッド形になる。
●**底辺ほど個体数が多く**，頂点ほどからだが大きい。

(6) **生物のつり合い**…一定地域内の生物の数量は，ピラミッド形に保たれ，多少つり合いがくずれても，やがてもとにもどる。

❷ 土の中の生物のはたらき

(1) **土の中の食物連鎖**…生産者は**植物の根や枯れ枝，落ち葉**，消費者はミミズ，ムカデなどの**小動物**。

重要！

(2) **分解者**…生物の死がいや排出物にふくまれる**有機物を分解して無機物にする**生物。

①**分解者に属する生物**…土の中の小動物，**菌類**，**細菌類**。
◯ ミミズ, ダンゴムシ, シデムシなど
②**菌類**…カビやキノコのなかま。胞子でふえる。
③**細菌類**…単細胞生物で分裂によってふえる。乳酸菌や大腸菌など。

用語

食物網

実際の食物連鎖は，網の目のような複雑なつながりになっている。これを食物網という。

▲ 生物量のピラミッド

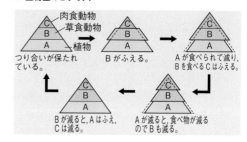

▲ 生物の数量のつり合い

Q. 基礎力チェック問題

(1) 食べる・食べられるという食物による生物のつながりを何というか。　[　　　　]

(2) 光合成を行って有機物をつくる生物を生態系において何というか。　[　　　　]

(3) 生物の数量関係を表したピラミッドでは，底辺に［植物　肉食動物］がくる。[　　　　]

(4) 分解者は，［有機物を無機物　無機物を有機物］に分解する。　[　　　　]

(5) 分解者に属するカビやキノコのなかまは何類か。　[　　　　]

分解者の役割に注意して，物質の循環をとらえよう！

物質の循環

(1) **生産者**…水と二酸化炭素をとり入れ，**光合成**を行って**有機物**をつくり，酸素を放出。呼吸も行う。

(2) **消費者**…ほかの生物を食べて**有機物**をとり入れる。呼吸によって酸素をとり入れ，二酸化炭素を放出。

(3) **分解者**…呼吸によって，生産者や消費者の死がいやふんなどの**有機物を無機物に分解**する。分解されてできた無機物は，生産者に利用され，循環する。

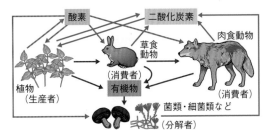

▲ 陸上の生態系における炭素・酸素の循環

環境の保全，自然の災害と恵み

❶ 環境の保全

(1) **自然環境の調査**…生物は自然環境の変化に影響されるので，生息する生物から環境を調べる。例川の水生生物→水の汚染の程度

(2) **地球温暖化**…**化石燃料の大量消費**と森林の減少→大気中の**二酸化炭素濃度**の増加→温室効果による**平均気温の上昇**。

(3) **外来生物**…もともとその地域には生息せず，人間によって持ちこまれて野生化したもの。自然界のつり合いをくずす原因となる。
　◐ 外来種ともいう。

❷ 自然の災害と恵み

(1) **自然の災害**…**プレートの境界**付近にある日本列島では，**地震や火山の噴火**が多い。また，**台風**などによる**気象災害**（洪水，土砂災害など）も毎年のように起こる。

(2) **自然の恵み**…台風がもたらす多量の雨は，**豊かな水資源**となる。

くわしく！

地球の環境問題

酸性雨…工場や自動車の排気ガスにふくまれる窒素酸化物や硫黄酸化物が大気中の水と結びつくことが原因。
オゾン層の破壊…フロンにより，上空のオゾンが破壊され有害な紫外線が増加する。

くわしく！

ハザードマップ

予測される自然災害による被害の程度や，避難場所，避難経路などを地図でまとめたもの。

解答はページ下

(6) 炭素は，生態系の中を有機物と何という物質として循環するか。　[　　　　　]

(7) 大気中の二酸化炭素をとり入れる植物のはたらきを何というか。　[　　　　　]

(8) 地球の平均気温が上昇している現象を何というか。　[　　　　　]

(9) 日本で火山や地震が多いのは，日本列島が何の境界付近にあるためか。　[　　　　　]

(10) 自然災害による被害を予測して避難経路などを示した地図を何というか。　[　　　　　]

自然の中の人間

1
生態系における炭素の循環

よく出る！

右の図は，生態系における炭素の循環を模式的に表したものである。図中の➡は有機物の流れを，⇨は無機物の流れを表している。この図をもとに，次の問いに答えなさい。〔新潟県〕(10点×5)

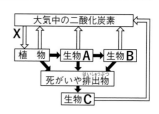

(1) 図中のXで示される流れは，植物の何というはたらきによるものか。

[　　　　　　　　　　]

(2) 生態系において生物Aや生物Bを消費者，生物Cを分解者というのに対し，植物を何というか。その用語を書け。

[　　　　　　　　　　]

(3) 植物，生物A，生物Bは，食べる，食べられるという関係でつながっている。このつながりを何というか。

[　　　　　　　　　　]

(4) 何らかの原因で，生物Aの数量が急激に減少すると，植物や生物Bの数量はその後，一時的にどのようになるか。最も適当なものを次のア～エから1つ選べ。 [　　　]

ア 植物は増加し，生物Bは減少する。

イ 植物は増加し，生物Bも増加する。

ウ 植物は減少し，生物Bも減少する。

エ 植物は減少し，生物Bは増加する。

(5) 生物A～Cにあてはまる生物の組み合わせとして，最も適当なものを右のア～エから1つ選べ。 [　　　]

	生物A	生物B	生物C
ア	ミミズ	ヘビ	バッタ
イ	ウサギ	イヌワシ	ミミズ
ウ	ヘビ	ウサギ	シロアリ
エ	バッタ	シロアリ	イヌワシ

2
生物のはたらき

次の問いに答えなさい。(10点×2)

(1) 太郎さんは，微生物がどのような食品づくりに利用されているのか興味をもち調べた。微生物が有機物を分解するはたらきを利用してつくられる食品として適切なものを次のア～オから2つ選べ。〔長野県〕

[　　　　　　　　　　]

ア 豆腐 **イ** ヨーグルト **ウ** こんにゃく **エ** キムチ **オ** ところてん

(2) 琵琶湖の生物の食べる・食べられるの関係を模式的に表すと，図のようになった。図中の矢印は，食べられる生物から食べる生物に向かってつけてある。生態系における役割から消費者とよばれる生物はどれか。次のア～エからすべて選べ。〔滋賀県〕

[　　　　　　　　　　]

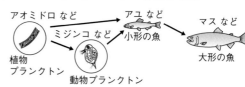

ア アオミドロ **イ** ミジンコ

ウ アユ **エ** マス

3　　　　　　　　　　　微生物のはたらき

土の中の微生物のはたらきを調べるために，次の実験を行った。あとの問いに答えなさい。

〔山梨県〕(10点×2　(2)は完答)

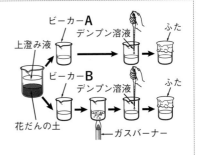

〔実験〕　① 花だんの土を採取して，水を加えてよくかき混ぜてから放置した。その後，右のように，上澄み液をビーカー**A**，**B**に分け，ビーカー**B**をガスバーナーで加熱し，上澄み液を沸騰させて冷ました。ビーカー**A**，**B**に同量のうすいデンプン溶液をそれぞれ加えて，ふたをし，およそ 25℃の室内に 3 日間置いた。

② 3 日後，ビーカー**A**，**B**にヨウ素液をそれぞれ数滴加えると，ビーカー内の液は一方が変化し，一方は変化しなかった。

(1) 実験の②で，色が変化したビーカー内の液は，何色になったか。次の**ア**〜**エ**から最も適当なものを 1 つ選べ。　　　　　　　　　　　　　　　　　[　　　　]

ア 灰色　　　　　**イ** 青紫色

ウ 黄緑色　　　　**エ** 白色

(2) 実験の②で，ビーカー内の液の色が変化しなかったのは，ビーカー**A**，**B**のどちらか。また，次の文は，ビーカー内の色が変化しなかった理由を述べたものである。□□□に入る適当な言葉を書け。

理由：微生物のはたらきで，[　　　　　　　　　　　　　　]から。

ビーカー[　　　　]

理由[　　　　　　　　　　　　　]

4　　　　　　　　　　　二酸化炭素濃度とバイオマス

右の図は，木材をストーブで燃焼させるようすについて示したものである。バイオマスの利用で大気中の二酸化炭素濃度の上昇を抑制できる理由をまとめた次の文章の□□□にあてはまる適切な言葉を，図中の語句を使って書きなさい。〔長野県〕(10点)

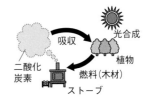

[　　　　　　　　　　　　　　　　　　]

バイオマスは，植物が空気中の二酸化炭素をとり入れてつくった有機物がもとになっている。バイオマスを燃やしたときに出る二酸化炭素の量は，□□□する二酸化炭素の量とほぼつり合うと考えられるので，大気中の二酸化炭素濃度の上昇を抑制できる。

模擬学力検査問題

第 1 回

制限時間：	配点：	目標：
40 分	100 点	80 点

得点：

点

答えは決められた解答欄に書き入れましょう。

1 凸レンズによってできる像のでき方について調べるため，右の図のように，物体（火のついたろうそく），凸レンズ，スクリーンを一直線上に並べた装置を用いて実験を行った。物体と凸レンズとの距離を 30 cm にしたとき，スクリーン上に物体と同じ大きさのはっきりした像ができた。次の問いに答えなさい。

(4点×4)

(1) この実験のように，スクリーンにうつすことのできる像を何というか。

(2) この凸レンズの焦点距離は何 cm か。

(3) 物体を凸レンズに近づけていくと，スクリーンにはっきりとした物体の像がうつるときの凸レンズからスクリーンまでの距離，および像の大きさはどうなるか。次の**ア～エ**から選べ。

 ア 距離：大きくなる。 像：大きくなる。 **イ** 距離：大きくなる。 像：小さくなる。

 ウ 距離：小さくなる。 像：大きくなる。 **エ** 距離：小さくなる。 像：小さくなる。

(4) この凸レンズを用いて，新聞の文字を拡大して見たい。このとき，凸レンズと新聞までの距離は何 cm 未満になっているか。

(1)	(2)	(3)	(4)

2 乾いた試験管 **A** の中に炭酸水素ナトリウムを入れ，図のような装置を組み立てて加熱した。このとき気体が発生し，試験管 **B** 内の①石灰水が白くにごった。また，試験管 **A** の内側がくもり，口の付近に②液体がついていた。気体が発生しなくなってから③ガスバーナーの火を消した。試験管 **A** の中には④白色の固体が残っていた。次の問いに答えなさい。 (4点×5)

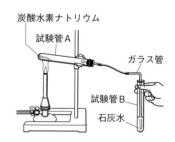

(1) 下線部①の，石灰水を白くにごらせた気体の化学式を書け。

(2) 下線部②の液体を青色の塩化コバルト紙につけたとき，塩化コバルト紙は何色に変化するか。次の**ア～エ**から選べ。

 ア 緑色 **イ** 赤色（桃色） **ウ** 黄色 **エ** 青色

(3) 炭酸水素ナトリウムと下線部④の白色の固体を水にとかし，フェノールフタレイン溶液を加えてそのときのようすを観察した。次の**ア～エ**からあてはまるものを 1 つ選べ。

 ア 炭酸水素ナトリウムでも白色の固体でも濃い赤色を示す。

 イ 炭酸水素ナトリウムでも白色の固体でもうすい赤色を示す。

 ウ 炭酸水素ナトリウムでは濃い赤色，白色の固体ではうすい赤色を示す。

 エ 炭酸水素ナトリウムではうすい赤色，白色の固体では濃い赤色を示す。

(4) この実験で，加熱する前の乾いた試験管 **A** の質量は 24.4 g，試験管 **A** に入れた炭酸水素ナトリウムの質量は 1.5 g であった。実験が終わって試験管が冷めてから，試験管 **A** の口付近についた液体をふきとり，白色の固体が入ったまま試験管 **A** の質量をはかったところ，25.3 g であった。この実験で発生した気体と，できた液体の質量の和は何 g になるか。

(5) 下線部③で，実験を安全に終えるために，ガスバーナーの火を消す前に行う操作は何か。簡潔に書け。

(1)	(2)	(3)	(4)
(5)			

3 被子植物の生殖や遺伝について，次の問いに答えなさい。　　　　　　　　(4点×4)

(1) 次の文は，被子植物の種子のでき方について述べたものである。 ① ， ② に入る適切な語句を書け。

> 花粉がめしべの柱頭につくと，花粉から ① がのび， ① を通って精細胞が胚珠まで送られる。胚珠まで送られた精細胞の核と胚珠の中の卵細胞の核が合体する。このことを ② といい， ② のあと，やがて胚珠が成長して種子になる。

(2) 右の図は，同じ種類の被子植物について，体細胞の核を模式的に示したものである。個体 **A** のめしべの柱頭に個体 **B** の花粉がついたあと，種子ができた。このとき，次の①，②として適切な図の組み合わせを，あとの**ア〜カ**から選べ。

個体A
染色体

個体B
染色体

① 種子をつくった卵細胞の模式図

② 種子からできる個体の体細胞の模式図

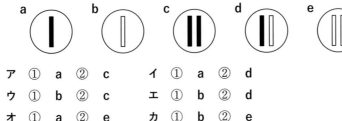

ア	① a ② c	イ	① a ② d
ウ	① b ② c	エ	① b ② d
オ	① a ② e	カ	① b ② e

(3) エンドウの種子の形がどのように遺伝するかを調べた。丸い種子をつくる純系としわのある種子をつくる純系の親どうしをかけ合わせると，子はすべて丸い種子になった。さらに，子どうしをかけ合わせたところ，孫には丸い種子としわのある種子ができた。丸い種子をつくる遺伝子を **A**，しわのある種子をつくる遺伝子を **a** とし，孫の代でできた種子が 360 個としたとき，遺伝子 **A** をもつ種子は何個できたと考えられるか。

(1) ①	②	(2)	(3)

4 下の図は，震源の浅い地震が発生したときの地点**A**での地震計の記録である。図中の**X**ははじめの小さなゆれを表し，**Y**は**X**のあとにくる大きなゆれを表している。また，表は，地点**A**，**B**，**C**における震源からの距離と**X**，**Y**のゆれが始まった時刻をまとめたものである。次の問いに答えなさい。ただし，地震のゆれの伝わる速さはそれぞれ一定とする。　　(4点×4)

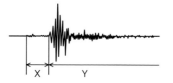

地点	震源から の距離	Xのゆれが 始まった時刻	Yのゆれが 始まった時刻
A	42 km	9時35分05秒	9時35分12秒
B	66 km	9時35分09秒	9時35分20秒
C	114 km	9時35分17秒	9時35分36秒

(1) **X**，**Y**のゆれの名前とそのゆれを起こす波の組み合わせを次の**ア～エ**から選べ。

　ア **X**のゆれ…初期微動　波…S波　**Y**のゆれ…主要動　波…P波

　イ **X**のゆれ…初期微動　波…P波　**Y**のゆれ…主要動　波…S波

　ウ **X**のゆれ…主要動　波…S波　**Y**のゆれ…初期微動　波…P波

　エ **X**のゆれ…主要動　波…P波　**Y**のゆれ…初期微動　波…S波

(2) P波の速さは，何 km/s か。

(3) この地震が発生した時刻は，9 時何分何秒か。

(4) 緊急地震速報とは，P波を検知して，S波が伝わってくる前に，危険が迫っていることを伝えるシステムである。この地震では，**X**のゆれが地点**A**で始まってから3秒後に緊急地震速報が発表された。地点**C**で**Y**のゆれが始まるのは，緊急地震速報が発表されてから何秒後か。

(1)	(2)	(3)	(4)

5 図1は，電熱線**A**，**B**のそれぞれについて，その両端に加わる電圧と流れる電流の関係をグラフに表したものである。また，図2は電熱線**A**，**B**を並列に接続し，その両端に電圧を加える前のようすを示したものであり，図3は電熱線**A**，**B**を直列に接続し，その両端に電圧を加える前のようすを示したものである。次の問いに答えなさい。　　(4点×4)

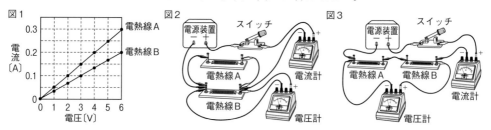

(1) 電熱線**A**の抵抗は何Ωか。

(2) 図2で，電源の電圧を6Vにしたとき，電流計は何 A を示すか。

(3) 図3で，電流計が0.2 A を示したとき，電源の電圧は何 V か。

(4) 図2，図3で，電源の電圧を5Vにしたとき，消費する電力が最も大きいのはどれか。次の**ア〜エ**から選べ。

ア　図2の電熱線**A**

イ　図2の電熱線**B**

ウ　図3の電熱線**A**

エ　図3の電熱線**B**

(1)	(2)	(3)	(4)

6　酸の水溶液とアルカリの水溶液の反応を調べるために，次の実験を行った。あとの問いに答えなさい。

(4点×4)

【実験】　**A〜D**のビーカーに 20 cm³ のうすい塩酸を入れ，BTB溶液を数滴加えた。このとき，BTB溶液がある色を示した。次に，それぞれのビーカーにうすい水酸化ナトリウム水溶液を 5 cm³ ずつふやして加えていくと，ビーカー**C**のBTB溶液の色が変化し，ビーカー**D**ではBTB溶液の色がまた変化した。表は，塩酸の体積と加えた水酸化ナトリウム水溶液の体積の関係を示したものである。

うすい水酸化
ナトリウム
水溶液

うすい塩酸に
BTB溶液を
加えた水溶液

ビーカー	A	B	C	D
塩酸の体積〔cm³〕	20	20	20	20
水酸化ナトリウム水溶液の体積〔cm³〕	5	15	20	25

(1) この実験では，酸の水溶液とアルカリの水溶液がたがいの性質を打ち消し合う反応が起こっている。この反応をイオンの化学式を使って書け。

(2) ビーカー**D**ではBTB溶液の色はどのように変化したか。次の**ア〜エ**から選べ。

ア　青色→緑色→黄色

イ　青色→黄色→緑色

ウ　黄色→緑色→青色

エ　黄色→青色→緑色

(3) **D**のビーカーの水溶液を中性にするには，この実験で用いた塩酸，水酸化ナトリウム水溶液のどちらを何 cm³ 加えればよいか。

(4) **A〜D**のビーカーの水溶液に次の**ア〜エ**のような操作を行った。正しいものを選べ。

ア　マグネシウムリボンを加えると，**A**のビーカーだけから気体が発生した。

イ　**B**のビーカーの水溶液に赤色のリトマス紙をつけると，青色に変化した。

ウ　**C**のビーカーの水溶液のpHの値を調べると，8であった。

エ　フェノールフタレイン溶液を加えると，**D**のビーカーだけ赤色に変化した。

(1)	(2)	(3)	(4)

模擬学力検査問題

第2回

制限時間:	配点:	目標:
40分	100点	80点

得点：

点

答えは決められた解答欄に書き入れましょう。

1 右の図の装置で，エタノール <u>50.0 cm³ と水 18.0cm³ の混合物</u>を加熱して，出てきた液体を集めた。次の問いに答えなさい。(4点×4)

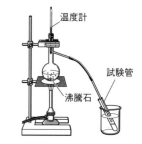

温度計

試験管

沸騰石

(1) 下線部の混合物の質量パーセント濃度（のうど）は何％か。ただし，この混合物はエタノールが溶質（ようしつ）で水が溶媒（ようばい）の水溶液であり，液体のエタノールの密度は 0.79 g/cm³，水の密度は 1.0 g/cm³ とする。答えは小数第1位を四捨五入し，整数で答えよ。

(2) 水とエタノールの混合物に電流は流れない。このエタノールのように，水にとかしたとき電流が流れない物質を何というか。

(3) 水とエタノールの混合物を加熱したときの，時間と温度との関係をグラフに表すとどうなるか。下の**ア〜エ**から選べ。

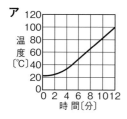
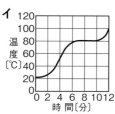
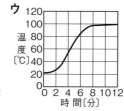
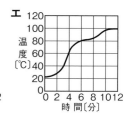

(4) この実験のように，液体の混合物を加熱し，出てきた蒸気を冷やして再び液体にしてとり出す操作を何というか。

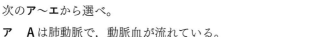

(1)	(2)	(3)	(4)

2 右の図は，ヒトの体内を血液が循環（じゅんかん）する経路を模式的に表したものであり，**A〜G**は血管を，矢印は血液の流れる向きを示している。次の問いに答えなさい。 (4点×5)

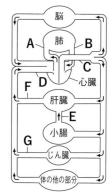

(1) **A〜D**の血管の名前と流れている血液の種類として正しいものを，次の**ア〜エ**から選べ。

ア Aは肺動脈で，動脈血が流れている。

イ Bは肺静脈で，動脈血が流れている。

ウ Cは大動脈で，静脈血が流れている。

エ Dは大静脈で，動脈血が流れている。

(2) **E**の血管を流れている血液にふくまれている栄養分を，次の**ア〜エ**から選べ。

ア デンプン，アミノ酸　　**イ** デンプン，タンパク質

ウ ブドウ糖，アミノ酸　　**エ** ブドウ糖，タンパク質

(3) からだの中で生じた有害なアンモニアは，血液によってある器官に運ばれ，害の少ない尿素につくり変えられる。ある器官とは何か。

(4) 尿素がふくまれる割合が最も低い血液が流れている血管はどれか。図の**A〜G**から選べ。

(5) 肺に送られた血液中の気体と，肺から血液中にわたされる気体は，肺の気管支の先に無数にある小さな袋状の部分で交換される。この小さな袋状の部分を何というか。

(1)	(2)	(3)	(4)	(5)

3 日本での太陽の動きについて調べるために，次の観察を行った。あとの問いに答えなさい。

(4点×4)

【観察】　① ある日に，サインペンの先端の影を透明半球の中心の点**O**に合わせるようにして印をつけ，1時間ごとに太陽の位置を透明半球上に記録した。

② 記録した透明半球上の太陽の位置を示す印をなめらかな曲線で結び，さらにその線を透明半球のふちまでのばした。

図1はこのときのようすを示した模式図で，**a**は太陽が南中したときの位置である。

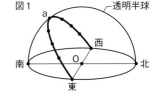

③ この観察を行った日から1か月後に同じような観察を行うと，日の出の位置は北寄りになっていた。

(1) 観察を行ったのは，春分，夏至，秋分，冬至のいつの日か。

(2) 図2は，図1の透明半球を真東側から見たときの模式図である。この日から3か月後に同じ観察を行った。このとき，透明半球を真東側から見たときのようすを図2にかけ。ただし，図2中の**b**，**c**は1年のうちで太陽の南中高度が最も高くなる日と最も低くなる日の太陽が南中した位置を示している。

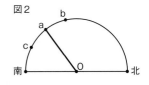

(3) 図3は，太陽のまわりを公転する地球とおもな星座の位置関係を模式的に表したもので，**A〜D**は春分，夏至，秋分，冬至のいずれかの地球の位置を示している。観察を行った日の地球の位置を，**A〜D**から選べ。

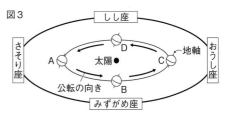

(4) 図1の観察を行った日から6か月後に見える，図3の星座について述べた次の**ア〜エ**の文のうち，正しいものを選べ。

ア しし座が真夜中に南の空に見える。

イ さそり座が日の入りのころ東の空に見える。

ウ みずがめ座が真夜中に南の空に見える。

エ おうし座が真夜中に西の空に見える。

(1)	(2) 図2にかく	(3)	(4)

4 植物の蒸散量を調べるために次の実験を行った。あとの問いに答えなさい。 （4点×4）

【実験】 ① ほぼ同じ大きさの葉で，枚数が同じホウセンカの枝A〜Cを用意した。Aは葉の表に，Bは葉の裏にワセリンをぬり，Cは何もぬらなかった。

② 右の図1のように，メスシリンダーに水を入れ，水中で切ったA〜Cの枝をさし，水面に油をたらした。

③ 風通しのよい明るい場所に置き，2時間後に水の減少量を測定した。表は，その結果をまとめたものである。

図1

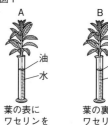  

装置	A	B	C
水の減少量〔cm³〕	2.6	0.5	2.9

(1) 下線部の操作を行うのはなぜか。その理由を簡潔に書け。

(2) 右の図2は，ホウセンカの茎の断面を模式的に示したものである。枝の切り口から吸収された水が通る管の部分と，その名称として適するものを次のア〜エから選べ。

図2

ア Pで道管 **イ** Pで師管

ウ Qで道管 **エ** Qで師管

(3) ホウセンカは胚珠が子房の中にある被子植物のうち，さらに発芽のときの子葉が2枚の植物のなかまである。このような植物のなかまを何というか。

(4) この実験で，葉の裏からの蒸散量は，葉の表からの蒸散量の約何倍か。整数で答えよ。

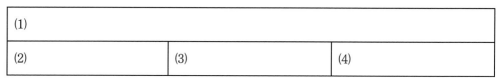

(1)		
(2)	(3)	(4)

5 ある日，翔太さんは学校で気象観測を行った。そのときの乾湿計の目盛りは図1のようになっていた。次の問いに答えなさい。ただし，表1は乾湿計の一部を，表2は気温と飽和水蒸気量との関係を示したものである。 （4点×4）

図1

乾球　湿球

表1

乾球温度〔℃〕	乾球温度と湿球温度との差〔℃〕							
	2.0	2.5	3.0	3.5	4.0	4.5	5.0	5.5
23	83	79	75	71	67	63	59	55
22	82	78	74	70	66	62	58	54
21	82	77	73	69	65	61	57	53
20	81	77	72	68	64	60	56	52
19	81	76	72	67	63	59	54	50
18	80	75	71	66	62	57	53	49
17	80	75	70	65	61	56	51	47
16	79	74	69	64	59	55	50	45

表2

気温〔℃〕	飽和水蒸気量〔g/m³〕	気温〔℃〕	飽和水蒸気量〔g/m³〕
0	4.8	16	13.6
2	5.6	18	15.4
4	6.4	20	17.3
6	7.3	22	19.4
8	8.3	24	21.8
10	9.4	26	24.4
12	10.7	28	27.2
14	12.1	30	30.4

(1) 観測を行ったときの湿度は何%か。上の表1をもとに求めよ。

(2) この日，観測を行ったあとは気温がしだいに下がっていった。気温が下がっていったとき，空気 1 m³ について 0.7 g の水滴が凝結するのは，気温が何℃まで下がったときか。表 2 を用いて求めよ。

(3) 日本で湿度が高くなるのはつゆ（梅雨）のころで，右の図 2 は，つゆのころの天気図を示したものである。日本の南岸沿いにとどまって動かない図の前線を何というか。

図2

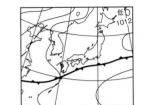

(4) 図 2 の前線は，2 つの気団の勢力がほぼつり合っているのでほとんど動かない。このときの 2 つの気団を，次の**ア～ウ**から選べ。

ア シベリア気団と小笠原気団

イ シベリア気団とオホーツク海気団

ウ オホーツク海気団と小笠原気団

(1)	(2)	(3)	(4)

6 斜面となめらかにつながる水平面を転がる小球の運動について実験した。次の問いに答えなさい。

(4点×4)

【実験】 ① 水平な床の上に図 1 のような装置をつくり，質量 150 g の小球を床から 40 cm の高さ **A** まで引き上げた。

② 小球を **A** の位置から静かに

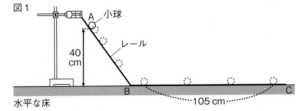

はなすと，小球は斜面 **AB** を下り始め，その後，水平面上 **BC** を運動した。このときの運動を 0.1 秒間隔で発光するストロボスコープを用いて撮影したところ，図 1 のように，水平面上では小球の間隔はすべて等しくなっていた。

(1) ①で，小球を床から 40 cm の高さまで引き上げたときの仕事はいくらか。ただし，質量 100 g の物体にはたらく重力の大きさを 1 N とする。

(2) 右の図 2 は，斜面上の小球にはたらく重力を**W**で表したものである。小球にはたらく重力**W**を，斜面に垂直な方向と斜面に平行な方向に分解し，その分力を矢印を使ってかけ。

図2

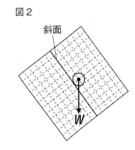

(3) ②で，小球が水平面上を運動するときの平均の速さは何 cm/s か。

(4) 小球が **A～C** でもっている力学的エネルギーの大きさの関係はどうなるか。次の**ア～エ**から選べ。

ア A＞B＞C

イ A＞B＝C

ウ A＜B＝C

エ A＝B＝C

(1)	(2) 図 2 にかく	(3)	(4)

よく使う単位一覧

● 単位とは，測定するときの基準になるものです。「単位の何倍か」で測定するものの量を表します。
● 単位には倍数を表す記号をつける場合があり，例えば「k（キロ）」は 1000 倍を意味します。

単位表

量	名称	記号	変換など
長さ	キロメートル	km	1 km = 1000 m
	メートル	m	1 m = 100 cm = 1000 mm
	センチメートル	cm	1 cm = 0.01 m = 10 mm
	ミリメートル	mm	1 mm = 0.001 m
	光年	光年	光が 1 年間に進む距離（約 9 兆 5000 億 km）
面積	平方キロメートル	km^2	1 km^2 = 1000000 m^2
	平方メートル	m^2	
	平方センチメートル	cm^2	1 cm^2 = 0.0001 m^2
	平方ミリメートル	mm^2	1 mm^2 = 0.000001 m^2
体積	立方メートル	m^3	
	リットル	L	1 L = 1000 mL = 1000 cm^3
	ミリリットル	mL	
質量	キログラム	kg	1 kg = 1000 g
	グラム	g	
	ミリグラム	mg	1 mg = 0.001 g
時間	時間	h	1 h = 60 min = 3600 s
	分	min	1 min = 60 s
	秒	s	
速さ	キロメートル毎時	km/h	
	キロメートル毎秒	km/s	1 km/s = 1000 m/s
	メートル毎秒	m/s	1 m/s = 3600 m/h
密度	グラム毎立方センチメートル	g/cm^3	1 g/cm^3 = 1000 g/L
	グラム毎リットル	g/L	
力	ニュートン	N	1 N は質量約 100 g の物体にはたらく重力
圧力	パスカル	Pa	1 Pa = 1 N/m^2
	ニュートン毎平方メートル	N/m^2	
	ヘクトパスカル	hPa	1 hPa = 100 Pa
	気圧	気圧	1 気圧 = 1013.25 hPa

量		名称	記号	変換など
電流 でんりゅう		アンペア	A	1 A = 1000 mA
		ミリアンペア	mA	
電圧 でんあつ		ボルト	V	1 V = 1 Ω × 1 A
電気抵抗 でんきていこう		オーム	Ω	
電力 でんりょく		ワット	W	1 W = 1 V × 1 A
		キロワット	kW	1 kW = 1000 W
電力量 でんりょくりょう		ジュール	J	1 J = 1 W × 1 s
		ワット時	Wh	1 Wh = 3600 J
		キロワット時	kWh	1 kWh = 1000 Wh
熱量 ねつりょう		ジュール	J	
仕事 しごと		ジュール	J	1 J = 1 N × 1 m
仕事率 しごとりつ		ワット	W	1 W = 1 J/s
振動数 しんどうすう		ヘルツ	Hz	波が 1 秒間に振動する回数
温度 おんど		度	℃	セルシウス温度を表す

◎ **質量（g, kg）と重さ（N）**
物体の本来の量を質量といい，どこではかっても同じ値（あたい）になる。
重力の大きさを重さといい，はかる場所によって重力は変わるため，重さも場所によって変化する。

◎ **エネルギーの単位（J）**
物体のもっているエネルギーの大きさは，その物体がほかの物体にすることのできる仕事の量で表す。
電力量・熱量は，仕事の量と同じく，エネルギーの単位であるジュール（J）で表すことができる。

◎ **電力・仕事率の単位（W）**
電力は 1 秒あたりに消費される電気エネルギーの量である。
電力は単位時間あたりのエネルギー量であるので，仕事率と同じ単位で表すことができる。

倍数を表す記号

倍数	名称	記号		倍数	名称	記号
1 兆倍	テラ	T		10 分の 1	デシ	d
10 億倍	ギガ	G		100 分の 1	センチ	c
100 万倍	メガ	M		1000 分の 1	ミリ	m
1000 倍	キロ	k		100 万分の 1	マイクロ	μ
100 倍	ヘクト	h		10 億分の 1	ナノ	n
10 倍	デカ	da		1 兆分の 1	ピコ	p

おもな化学式・化学反応式

おもな化学式・化学反応式をまとめて確認しましょう。

おもな元素

元素	元素記号
水素	H
酸素	O
硫黄	S
炭素	C
窒素	N
塩素	Cl
ナトリウム	Na
アルミニウム	Al
マグネシウム	Mg
鉄	Fe
銅	Cu
銀	Ag

おもなイオン

イオン	化学式
水素イオン	H^+
ナトリウムイオン	Na^+
カリウムイオン	K^+
マグネシウムイオン	Mg^{2+}
銅イオン	Cu^{2+}
亜鉛イオン	Zn^{2+}
アンモニウムイオン	NH_4^+
塩化物イオン	Cl^-
水酸化物イオン	OH^-
炭酸イオン	CO_3^{2-}
硫酸イオン	SO_4^{2-}
硝酸イオン	NO_3^-

おもな物質

物質	化学式
酸素	O_2
水素	H_2
窒素	N_2
水	H_2O
二酸化炭素	CO_2
アンモニア	NH_3
酸化マグネシウム	MgO
酸化銅	CuO
酸化銀	Ag_2O
硫化水素	H_2S
硫化鉄	FeS
硫化銅	CuS
塩化水素	HCl
塩化ナトリウム	$NaCl$
塩化カルシウム	$CaCl_2$
塩化銅	$CuCl_2$
硫酸	H_2SO_4
硝酸	HNO_3
水酸化ナトリウム	$NaOH$
水酸化バリウム	$Ba(OH)_2$
水酸化カルシウム	$Ca(OH)_2$
炭酸水素ナトリウム	$NaHCO_3$
炭酸ナトリウム	Na_2CO_3
炭酸カルシウム	$CaCO_3$

おもな化学反応式・電離を表す式

化学変化 化学反応式・電離を表す式

炭酸水素ナトリウムの熱分解	$2NaHCO_3 \rightarrow Na_2CO_3 + CO_2 + H_2O$ 炭酸水素ナトリウム　　炭酸ナトリウム　二酸化炭素　　水
酸化銀の熱分解	$2Ag_2O \rightarrow 4Ag + O_2$ 酸化銀　　　銀　　　酸素
水の電気分解	$2H_2O \rightarrow 2H_2 + O_2$ 水　　　水素　　酸素
塩酸の電気分解	$2HCl \rightarrow H_2 + Cl_2$ 塩酸(塩化水素)　水素　　塩素
塩化銅水溶液の電気分解	$CuCl_2 \rightarrow Cu + Cl_2$ 塩化銅　　　銅　　塩素
鉄と硫黄の反応	$Fe + S \rightarrow FeS$ 鉄　硫黄　　硫化鉄
銅と硫黄の反応	$Cu + S \rightarrow CuS$ 銅　硫黄　　硫化銅
炭素と酸素の反応（炭素の燃焼）	$C + O_2 \rightarrow CO_2$ 炭素　酸素　　二酸化炭素
水素と酸素の反応（水素の燃焼）	$2H_2 + O_2 \rightarrow 2H_2O$ 水素　　酸素　　　水
銅と酸素の反応（銅の酸化）	$2Cu + O_2 \rightarrow 2CuO$ 銅　　　酸素　　　酸化銅
マグネシウムと酸素の反応(マグネシウムの燃焼)	$2Mg + O_2 \rightarrow 2MgO$ マグネシウム　　酸素　　　酸化マグネシウム
酸化銅の炭素による還元	$2CuO + C \rightarrow 2Cu + CO_2$ 酸化銅　　炭素　　銅　　二酸化炭素
酸化銅の水素による還元	$CuO + H_2 \rightarrow Cu + H_2O$ 酸化銅　水素　　銅　　水
塩酸（塩化水素）の電離	$HCl \rightarrow H^+ + Cl^-$ 塩酸(塩化水素)　　水素イオン　塩化物イオン
水酸化ナトリウムの電離	$NaOH \rightarrow Na^+ + OH^-$ 水酸化ナトリウム　ナトリウムイオン　水酸化物イオン
塩酸と水酸化ナトリウム水溶液の中和	$HCl + NaOH \rightarrow NaCl + H_2O$ 塩酸(塩化水素)　水酸化ナトリウム　塩化ナトリウム　　水

わかるまとめと
よく出る問題で
合格力が上がる

理 科

編集協力：東 正通　須郷和恵　長谷川千穂　勉強法協力：梁川由香

カバー・キャラクターイラスト：茂苅 恵　図版：(株)アート工房　写真：(株)アフロ　PIXTA(株)

アートディレクター：北田進吾　デザイン：畠中脩大・山田香織（キタダデザイン）・堀 由佳里

DTP：(株)明昌堂　データ管理コード 20-1772-3729(CC2020)

高校入試 — 合格

GOUKAKU

BON!

わかるまとめと
よく出る問題で
合格力が上がる

別冊

解答 と 解説

SCIENCE

理科

Gakken

1章　物理

PART 1　光と音　　p.10 - 11

1 (1) エ　(2) 屈折
2 (1) イ　(2) 内容…例焦点距離の2倍のとき，等しくなる　数値…15
(3) 右の図
3 (1) 510 m　(2) 例音が伝わる速さは光の速さより遅いから。
(3) X…振動　Y…波

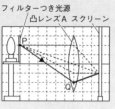

フィルターつき光源
凸レンズA　スクリーン

解説

1 (1) 光がガラス中から空気中にななめに進むとき，ガラスの表面に近づくように進む。
(2) くわしく　屈折角と入射角の関係は次のようになっている。

> ●空気中から水中やガラス中に進むとき
> 　入射角＞屈折角
> ●水中やガラス中から空気中に進むとき
> 　入射角＜屈折角

2 (1) 凸レンズによってスクリーンにうつすことのできる像を**実像**といい，実像は物体と上下左右が**逆**になっている。
(2) 焦点距離の**2倍**の位置に物体を置くと，物体と**同じ大きさの実像**が，反対側の焦点距離の**2倍**の位置にできる。凸レンズBの場合，凸レンズBとフィルターとの距離Xと凸レンズBとスクリーンとの距離Yが30 cmで等しくなっている。よって，凸レンズBの焦点距離は，
30 cm ÷ 2 ＝ 15 cm となる。
(3) 凸レンズの**中心を通る光は直進**する。P点を出て凸レンズの中心を通った光は直進してスクリーンに達する。この位置に点Pの像P′ができる。Q点を通る光もP′に達するのだから，Q点を通った光の道すじを求めるには，Q点とP′を結べばよい。

別解 図2はXを30 cmにしたときの位置関係を示しているのだから，スクリーン上に像ができているとわかる。よって，方眼の1目盛りは，30 cm ÷ 6 ＝ 5 cmになる。また，凸レンズAの焦点距離は10 cmで，方眼2目盛り分にあたる。ここで，①光軸に平行な光は凸レンズを通過後，焦点を通る。②焦点を通る光は凸レンズを通過後，光軸に平行に進む。①，②の光は，どちらも先に述べたP′の位置にくる。したがって，Q点とP′を結べばよい。

3 (1) 花火が開く音が聞こえるまでの時間が，3.5 s － 2 s ＝ 1.5 s 短くなり，音が伝わる速さは340 m/sなので，花火が開く場所とたろうさんとの短くなった距離は，340 m/s × 1.5 s ＝ 510 m と求められる。
(2) 光の速さは，約30万km/sで，音が伝わる速さよりはるかに速い。
(3) 花火が開くときに空気が振動し，振動した空気が窓ガラスに伝わって窓ガラスがゆれたのである。なお，波とは，空気自身の移動はなく，空気に疎密の部分ができて振動だけが伝わっていく現象である。

PART 2　力　　p.14 - 15

1 (1) イ　(2) 450 g　(3) ① a，b　② 11 N
2 (1) フックの法則
(2) 8 cm
3 (1) イ　(2) イ
4 (1) 作用点（力のはたらく点）
(2) 右の図
(3) 等しく

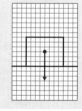

解説

1 (1) ①～⑥の力は，それぞれ次のような力を表している。
①物体Aが物体Bを押す力
②物体Bが物体Aを押す力
③物体Bにはたらく重力
④物体Aにはたらく重力
⑤床が物体Aを押す力
⑥物体Aが床を押す力
したがって，物体Aにはたらく力は②，④，⑤があてはまる。
(2) 床が物体aを押す力（垂直抗力）は，物体aとbにはたらく**重力の和**とつり合っている。した

がって，物体 a と b にはたらく重力の和は 5 N
となる。100 g の物体にはたらく重力の大きさ
が 1 N なので，物体 a と b の質量の和は 500 g
となり，物体 b の質量は 50 g だから，物体 a
の質量は，500 g − 50 g = 450 g となる。

(3) ①2 力のつり合いにある力は，**1 つの物体には
たらく力**だから，本にはたらく力 a，b とな
る。

②本と辞書の質量の和は，600 g + 500 g =
1100 g なので，本と辞書にはたらく重力の和
は，1100 g ÷ 100 g = 11 より 11 N となり，机
が本を押す力（垂直抗力）とつり合っている。

2 (1) 力の大きさが 2 倍，3 倍，…になると，ばねの
のびも 2 倍，3 倍，…になっている。この比例
の関係を表した法則を，フックの法則という。

(2) このばねは，0.1 N の力で 1 cm のびているの
で，0.8 N のおもりをつり下げたときののびは，
1 cm × 0.8 N ÷ 0.1 N = 8 cm になる。

3 (1) 表の結果をグラフ
に表すと，右の図
のようになる。こ
れより，おもりが
4 個のときの値を
使ってのびを求め
ればよい。おもり

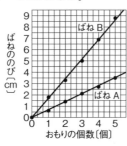

4 個分の重さは，0.5 N × 4 = 2 N だから，ば
ねののびが 12 cm になるときのばねを引く力
は，2 N × 12 cm ÷ 6.8 cm ≒ 3.5 N になる。

(2) おもりが 1 個のとき以外は，ばね **B** ののびはば
ね **A** ののびの 2.4～2.5 倍になっている。

4 (1) 作用点は，力がはたらく点である。

(2) 直方体の質量は 60 g なので，直方体にはたら
く重力の大きさは，60 g ÷ 100 g = 0.6 より
0.6 N となる。重力の作用点は物体の中心にと
り，重力は 1 本の矢印で代表させる。また，方
眼の 1 目盛りは 0.1 N としているので，方眼 6
目盛り分の矢印を直方体の中心から下向きにか
けばよい。

(3) 2 つの力が等しくなければ，大きい方の力の向
きに物体は動いてしまう。

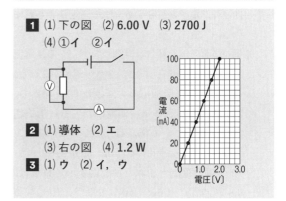

PART 3　電流のはたらき | p.18 - 19

1 (1) 下の図　(2) 6.00 V　(3) 2700 J
(4) ①イ　②イ

2 (1) 導体　(2) エ
(3) 右の図　(4) 1.2 W

3 (1) ウ　(2) イ，ウ

（解説）

1 (1) 電流計は電熱線に直列につなぎ，電圧計は電熱
線に並列につなぐ。

(2) 図 2 より，電圧計の−端子は 15 V に接続して
ある。目盛りは最小目盛りの 10 分の 1 まで目
分量で読みとる。よって，電圧計の上の目盛り
で，6.00 V と読みとれる。

(3)
> **電力〔W〕＝電圧〔V〕×電流〔A〕**

図 3 で，電流計の−端子は 5 A に接続してある
から，このときの電流は 1.50 A と読みとれる。
よって，このときの電力は，上の公式より，
6.00 V × 1.50 A = 9.00 W となる。

> **電力量〔J〕＝電力〔W〕×時間〔s〕**

5 分は 60 s × 5 = 300 s だから，このときの電
力量は，上の公式より，
9.00 W × 300 s = 2700 J になる。

(4) ①電熱線 a と b は並列につなぐので加わる電圧
は同じである。電流は次の式で求められ，電気
抵抗は，電熱線 b は電熱線 a の 2.0 倍だから，
電熱線に流れた電流は，電熱線 b の方が小さい。

> **電流〔A〕＝電圧〔V〕÷抵抗〔Ω〕**

②電力量は電力に比例し，電力は電圧が一定な
ら電流に比例する。したがって，電熱線で消費
される電力は，電流が小さい b の方が a より小
さく，電力量も b の方が a より小さくなる。

2 (1) 銅のように電気抵抗が小さく電流が流れやすい
物質を**導体**という。これに対して，ガラスやゴ
ムなどのように，抵抗が大きく電流が流れにく
い物質を**不導体**，または**絶縁体**という。

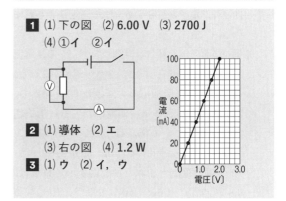

(2) 電流の正体は電子の流れで，電子は－の電気を
もっているので＋極に引かれる。電流が流れる
向きは，電子が移動する向きの逆と決められて
いる。

(3) 抵抗器Aと抵抗器Bは直列つなぎだから，電流
計ではかった電流と同じ大きさの電流が流れる。
抵抗器Aの電気抵抗の大きさは20Ωだから，
20 mA＝0.02 Aの電流が流れたときに抵抗器
Aにかかっている電圧は，0.02 × 20 ＝ 0.4 V
となる。同じように，40 mA，60 mA，80 mA，
100 mAの電流が流れたときにかかる電圧は，
0.8 V，1.2 V，1.6 V，2.0 Vとなり，これらの
点を結んだグラフは原点を通る直線となる。

(4) 抵抗器Bの電気抵抗の大きさは30Ωで，電圧
は6.0 Vだから，抵抗器Bに流れる電流は，
6.0 V ÷ 30 Ω ＝ 0.2 A
よって，消費される電力は，6.0 V × 0.2 A ＝
1.2 Wと求められる。

3 (1) 水の上昇温度は， 電熱線A＜電熱線B
水の上昇温度は電力に**比例**するから，
電力は， 電熱線A＜電熱線B
電力は電流に**比例**するから，
電流は， 電熱線A＜電熱線B
電流は抵抗に**反比例**するから，
抵抗は， 電熱線A＞電熱線B

(2) 1 Vの電圧を加え，1 Aの電流が流れたときの
電力が1 Wで，1 Wの電力で1秒間電流を流
したときの発熱量（電力量）が1 Jである。

PART 4 電流と磁界　　　p.22 - 23

1 ア
2 (1) ウ　(2) 例 **電流を大きくする。コイルの巻
数をふやす。**
3 (1) イ　(2) 例 **コイル内部の磁界が変化するか
ら。**
4 (1) 電磁誘導　(2) オ
5 (1) 静電気　(2) ウ

（解説）

1 方位磁針のN極が黒くぬられているのだから，
磁界の向きは導線の上側から見て反時計回りの
Cとわかる。このような磁界が生じるのは，導
線に下から上に電流を流した**A**のときになる。
導線のまわりに生じる磁界の向きを求めるとき
は，次の図のように，電流の向きを右ねじの進

む向きに合わせる。このとき，右ねじを回す向
きが磁界の向きになる。

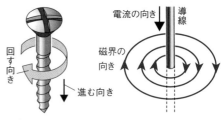

2 (1) コイルのまわりの磁
界の向きは右の図の
ようになるので，**X**
の位置に置いた方位
磁針のN極は西を向
く。

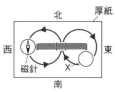

(2) 電流を大きくすると，生じる磁界も強くなり，
コイルの巻数をふやすと，電流によって生じる
磁界が重なり合って磁界が強くなる。

3 (1) 磁石の磁界の向きだけを逆にすると，電流が磁
界から受ける力の向きも逆になるので，コイル
の回転の向きも逆になる。

(2) 磁界の中でコイルを回転させると，コイル内部
の磁界が変化する。このため，コイルに電圧が
生じ，コイルに電流が流れるようになる。

4 (1) 電磁誘導によって生じた電流を，**誘導電流**とい
う。

(2) 棒磁石のN極をコイルに近づけると，
➡下向きの磁界が強まる。
➡このとき，コイルには下向きの磁界が強まる
のをさまたげるように，**上向きの磁界が生じ
るような電流**が流れる。
オで，S極を遠ざけると，
➡上向きの磁界が弱まる。
➡このため，上向きの磁界が弱まるのをさまた
げるように，**上向きの磁界が生じるような電
流**が流れる。
したがって，検流計の針は右に振れる。
なお，**ア**と**エ**はコイルの中の磁界が変化しな
いので電流は流れない。また，**イ**と**ウ**は磁界の
変化の向きが逆になるので，逆向きの電流が流
れる。

5 (1) 下じきと髪の毛をこすり合わせると，下じきを
使って髪の毛を逆立てることができる。これも
静電気によって起こる現象である。

(2) プラスチックのストローをティッシュペーパー

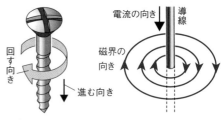
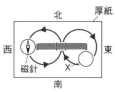

でよくこすると、ティッシュペーパー中の－の電気を帯びた電子がストローへ移動する。このため、ティッシュペーパーは＋の電気を帯び、ストローは－の電気を帯びる。

●**同じ種類の電気を帯びた物質どうし→しりぞけ合う力**がはたらく。

●**異なる種類の電気を帯びた物質どうし→引き合う力**がはたらく。

ストローとティッシュペーパーは異なる電気を帯びているので、引き合う。

PART 5　力の合成と分解, 物体の運動　| p.26 - 27

1 下の左図

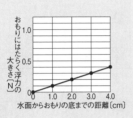

2 (1) 上の右図　(2) **ウ**

3 (1) 等速直線運動
　(2) **30 km**
　(3) ① **ア**　② **50 cm/s**
　(4) **ウ**

4 (1) 右の図　(2) **3 倍**

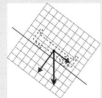

解説

1　おもりにはたらく重力が、糸1, 糸2の合力とつり合っている。したがって、右の図のように、おもりにはたらく重力と同じ大きさの力を糸の結び目から上にとり、この力を糸1, 糸2の方向に分解すればよい。

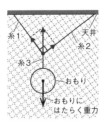

2 (1) **浮力＝空気中でのばねばかりの示す値－水中でのばねばかりの示す値**　で求められるから、水面からおもりの底までの距離が次の場合、浮力の大きさは以下のようになる。

0 cm のとき　, 1.1 N － 1.1 N ＝ 0 N

1.0 cm のとき, 1.1 N － 1.0 N ＝ 0.1 N

2.0 cm のとき, 1.1 N － 0.9 N ＝ 0.2 N

3.0 cm のとき, 1.1 N － 0.8 N ＝ 0.3 N

4.0 cm のとき, 1.1 N － 0.7 N ＝ 0.4 N

この値をグラフにとっていけばよい。

グラフから、水面からおもりの底までの距離と浮力の大きさは比例関係にあることがわかる。

(2) 水圧は水の深さが深くなるほど**大きくなる**。また、水の深さが同じところでの、おもりの側面にはたらく水圧の大きさは**等しい**。

3 (1) 一定の速さとは「等速」で、一直線上を動く運動だから、「等速」で「直線」上を動く「運動」。

(2)
$$\text{移動距離〔km〕＝速さ〔km/h〕×時間〔h〕}$$

新幹線が動いた時間は、8 時 42 分 － 8 時 30 分 ＝ 12 分 で、12 分 は、12 ÷ 60 ＝ 0.2 より 0.2 h なので、移動距離＝ 150 km/h × 0.2 h ＝ 30 km となる。

(3) ①打点の間隔がしだいに広くなっているのだから、速さはしだいに速くなったことがわかる。

②
$$\text{速さ〔cm/s〕＝移動距離〔cm〕÷時間〔s〕}$$

1 秒間に 60 回打点する記録タイマーなので、6 打点分の時間は、1 s ÷ 60 × 6 ＝ 0.1 s　この間に 5.0 cm 移動したから、平均の速さは、5.0 cm ÷ 0.1 s ＝ 50 cm/s となる。

(4) 斜面を下る物体にはたらいている、運動の向きと同じ向きの力は、重力の斜面方向の分力で、大きさは変わらない。

4 (1) 重力を対角線とし、斜面に垂直な方向と斜面に平行な方向を 2 辺とする平行四辺形（この場合は長方形）をかいたとき、平行四辺形の 2 辺が分力。

(2) 0.4 秒から 0.5 秒の間の平均の速さは、

(73.3 － 46.9)cm ÷ 0.1 s ＝ 264 cm/s

0.1 秒から 0.2 秒の間の平均の速さは、

(11.7 － 2.9)cm ÷ 0.1 s ＝ 88 cm/s

よって、264 ÷ 88 ＝ 3 より 3 倍となる。

PART 6　エネルギーと仕事　| p.30 - 31

1 (1) ① **6 N**　② **2.4 J**　(2) ① **3 N**　② **0.3 W**
　(3) 例 **動滑車を使うと, ひもを引き上げる力は半分になるが, ひもを引き上げる距離が 2 倍になるので, 仕事の大きさは変わらない。**

2 (1) 右の図
　(2) **ウ**

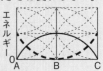

3 (1) 0.02 J
(2) 12 cm
(3) 例 小球の位置エネルギーの大きさは変わらないので，木片の移動距離は変わらない。

解説

1 (1) ①質量 100 g の物体にはたらく重力が 1 N だから，600 g ÷ 100 g = 6 より 6 N になる。

② | 仕事〔J〕＝力の大きさ〔N〕×距離〔m〕 |

40 cm = 0.4 m なので，
仕事は 6 N × 0.4 m = 2.4 J

(2) ①動滑車を使っているので，ばねばかりを引く力は図1のときの2分の1になる。よって，
6 N ÷ 2 = 3 N

②ひもを引く距離は図1のときの2倍の，40 cm × 2 = 80 cm　また，10 cm/s の速さで引いているから，引き上げるのにかかった時間は，
80 cm ÷ 10 cm/s = 8 s

| 仕事率〔W〕＝仕事〔J〕÷時間〔s〕 |

仕事の原理より，図2での仕事の大きさは図1のときと同じなので，
仕事率＝ 2.4 J ÷ 8 s = 0.3 W となる。

(3) てこや斜面を使って物体を引き上げるときも仕事の原理は成り立つ。

2 (1) 金属球の位置が A から B までは，金属球のもっていた位置エネルギーが運動エネルギーに移り変わるので，運動エネルギーはしだいに大きくなる。B から C までは，B でもっていた運動エネルギーが位置エネルギーに移り変わるので，運動エネルギーはしだいに小さくなる。位置エネルギーと運動エネルギーの和を**力学的エネルギー**といい，力学的エネルギーは保存されるので，運動エネルギーの変化は位置エネルギーの変化のちょうど逆になる。

(2) 力学的エネルギーは保存されるので，A と同じ高さの**ウ**まで上がる。

ミス対策　A でもっていた位置エネルギーと同じ位置エネルギーをもつ高さ，つまり A と同じ高さまで上がることをつかもう。

3 (1) 20 g の小球にはたらく重力の大きさは，
20 g ÷ 100 g = 0.2 より 0.2 N で，10 cm = 0.1 m だから，仕事＝ 0.2 N × 0.1 m = 0.02 J である。

(2) 木片の移動距離は，小球の質量と高さに比例する。小球の質量が 20 g で，高さが 15 cm のときの移動距離が 6.0 cm なので，25 g の小球を用いたときの高さは，15 cm × 20 g ÷ 25 g = 12 cm と求められる。

(3) 斜面の傾きを大きくしても，小球の高さは 20 cm で変わらないのだから，小球がもっている位置エネルギーの大きさは変わらない。したがって，木片の移動距離も変わらない。

2章　化学

PART 7　物質の性質と状態変化　p.34-35

1 (1) ア，ウ，エ
(2) 最も大きいもの…b　最も小さいもの…c
2 (1) ウ　(2) イ　(3) 記号…A　理由…選んだ物質では，物質の温度（60℃）が 例 融点より高く，沸点より低いから。
3 (1) 例 出てくる蒸気（気体）の温度をはかるため。
(2) ア　(3) イ，エ，オ
4 (1) イ　(2) ウ

解説

1 (1) ミス対策　磁石につくのは，鉄やコバルトなどの一部の金属で，金属に共通する性質ではないことに注意しよう。

(2) | 密度〔g/cm³〕＝質量〔g〕÷体積〔cm³〕 |

それぞれの密度は，
a …47.2 g ÷ 6.0 cm³ ≒ 7.87 g/cm³
b …53.8 g ÷ 6.0 cm³ ≒ 8.97 g/cm³
c …53.8 g ÷ 20.0 cm³ = 2.69 g/cm³

別解　次のように考えてもよい。
●**a** と **b** で，
質量は，**a** < **b**　体積は，**a** = **b**　よって，密度は，**a** < **b**
●**b** と **c** で，
質量は，**b** = **c**　体積は，**b** < **c**　よって，密度は，**b** > **c**
これより，**b** の密度が最も大きいことがわかる。

2 (1) 固体を加熱していったとき，固体がとけて液体になるときの温度（融点）までは，温度は上がり続ける。融点に達すると，固体と液体が混ざった状態になり，加えられた**熱は状態変化のた**

めだけに使われるので，**温度は変化しない**。次に，固体が全部とけて液体だけになると，再び温度は上昇し始める。

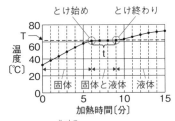

(2) （ミス対策） 融点は物質の質量に関係しないことに注意。

物質**X**の質量が2倍になったのだから，長さ**t**はほぼ2倍になるが，温度**T**（融点）は変わらない。
(3) 沸点は液体が**沸騰して気体になるときの温度**である。このことから，
60℃のとき液体である物質の融点と沸点は，
60℃＞融点，60℃＜沸点　となる。

3 (1) 出てきた蒸気は，枝つきフラスコの枝の部分を通って試験管に集められる。
(2) **A**と**C**の液体にマッチの火をつけたときのようすは，
A…燃えた。**C**…燃えなかった。
これより，**A**は**C**よりエタノールが多くふくまれていることがわかる。
集めた液体の体積は同じで，密度は，
エタノール＜水　だから，**A**は**C**より密度が小さいことがわかる。
(3) （ミス注意） 塩酸は気体の塩化水素 HCl が水 H_2O にとけた水溶液で，**混合物**である。

なお，食塩水は食塩と水の混合物，みりんはエタノールと水などの混合物である。
4 (1) 水 50.0 cm³ をはかったのだから，水面の平らな部分は 50.0 cm³ の目盛りと一致している。また，水の場合，水とメスシリンダーが接している部分はやや上がる。
(2) 袋の中のエタノールの分子の数は一定で，分子は大きくならず，分子の質量もふえない。分子の運動は，温度が高いほど激しくなる。運動のようすが激しくなることによって，ポリエチレンの袋が内側から押され，袋は大きくふくらむ。

PART 8　気体の性質　　p.38-39

1 (1) A，C　(2) ウ　(3) ア
2 (1) NH_3　(2) エ　(3) ウ
3 エ
4 (1) ①青　②赤　③酸　(2) 記号…イ　理由…
例 試験管Xの方が試験管Y（空気）より酸素の割合が高いから。

（解説）
1 (1) **単体**…**1種類の元素**でできている物質。
化合物…**2種類以上の元素**でできている物質。
A～**D**を化学式で表すと，
Aの水素 H_2，**B**の二酸化炭素 CO_2，**C**の酸素 O_2，**D**のアンモニア NH_3 で，水素と酸素が1種類の元素でできている。
(2) アルミニウムや亜鉛，鉄などの金属にうすい塩酸を加えると，水素が発生する。なお，**ア**と**エ**では二酸化炭素，**イ**では硫化水素が発生する。
(3) 石灰水に二酸化炭素を通すと，**白くにごる**。この反応は二酸化炭素の検出によく使われる。なお，**イ**～**エ**は，以下の性質がある。
赤色リトマス紙…アルカリ性の水溶液につけると**青色**になる。
塩化コバルト紙…水につけると**赤（桃）色**になる。
フェノールフタレイン溶液…アルカリ性の水溶液に加えると**赤色**を示す。
2 (1) アンモニア水を加熱すると，気体のアンモニアが発生する。アンモニアは水によくとけ，アルカリ性を示すので，水でぬらした赤色リトマス紙を近づけると青色に変化する。アンモニアは，窒素原子Nが1個に水素原子Hが3個結びついてできている。
(2) アンモニアは空気より密度が小さい。
(3) BTB溶液は，酸性で黄色，中性で緑色，アルカリ性で青色を示す。
3 　**ア**…水素には物質を燃やすはたらきはなく，水素自身が燃える。
イ…塩素は黄緑色をしている。
ウ…アンモニアは水によくとける。
4 (1) Ⅰ　アンモニアは刺激臭があるので，**A**がアンモニアとわかる。
Ⅱ　ポリエチレンの袋に封入すると浮き上がるのは，空気より軽い気体なので，**B**は水素とわかる。

Ⅲ 残る**C**と**D**は二酸化炭素か酸素で，二酸化炭素は水に少しとけ，水溶液は酸性を示すから，**C**が二酸化炭素になり，水にとけにくい**D**が酸素となる。

青色のリトマス紙を酸性の水溶液につけると，赤色に変化する。

(2) 試験管**X**には，二酸化炭素と酸素が1：1の体積の割合で満たしてある。酸素には，ものを燃やすはたらきがあるので，火のついた線香を入れると，酸素のふくまれる割合が低い空気だけを満たした試験管**Y**よりも激しく燃える。

PART 9　水溶液の性質　　p.42-43

1 (1) エ　(2) 例 ろ紙のすきまより小さい水の粒子は通りぬけるが，すきまより大きいデンプンの粒子は通りぬけることができないため。
(3) 飽和水溶液
(4) ① 13.9 g　② ウ　③ 43.8 g

2 (1) ① 溶媒　② 150 g　(2) 20％　(3) 水 255 g に硝酸カリウムを 45 g とかす。(4) 49 g
(5) 再結晶

3 エ

解説

1 (1) 水にとけた物質の粒子は，水全体に均一に散らばっている。

(2) 水の粒子はろ紙のすきまより小さいのでろ紙を通りぬけるが，デンプンの粒子はろ紙のすきまより大きいのでろ紙を通りぬけることができず，ろ紙上に残る。このため，ろ過した液は透明な水になる。

(3) 「飽和」とは，それ以上ふくむことのできない状態をいい，このときの水溶液を飽和水溶液という。

(4) ① 40℃の水 100 g にとける硝酸カリウムの質量は，グラフより 63.9 g で，50.0 g の硝酸カリウムをとかしたのだから，あと，63.9 g － 50.0 g ＝ 13.9 g とかすことができる。
② グラフより，15℃の水 100 g に塩化ナトリウムは約 38 g，硝酸カリウムは約 26 g とける。とける物質の質量は水の質量に比例するので，15℃の水 200.0 g に塩化ナトリウムは約 76 g，硝酸カリウムは約 52 g とける。塩化ナトリウムと硝酸カリウムを 40.0 g とかしたのであれば，15℃に冷やしたとき，両方ともすべてと

けている。また，80.0 g 入れたのであれば，塩化ナトリウムはすべてはとけきらず，15℃に冷やしたとき，両方とも結晶が出てくる。よって，60.0 g とかしたと考えられる。

なお，15℃に冷やしたとき，塩化ナトリウムはすべてとけているが，硝酸カリウムでは，60.0 g － 52 g ＝ 8 g の結晶が出てくる。

③ | 質量パーセント濃度〔％〕＝溶質の質量〔g〕÷溶液の質量〔g〕× 100

上の公式より，質量パーセント濃度が30％の硝酸カリウム水溶液 300 g にふくまれている硝酸カリウムの質量は，300 g × 30 ÷ 100 ＝ 90 g で，水の質量は，300 g － 90 g ＝ 210 g とわかる。10℃で 100 g の水にとける硝酸カリウムの質量は，グラフより 22.0 g だから，210 g の水にとける質量は，22.0 g × 210 g ÷ 100 g ＝ 46.2 g となる。よって，出てくる結晶の質量は，90 g － 46.2 g ＝ 43.8 g と求められる。

2 (1) ① 水のように，物質をとかしている液体を**溶媒**，食塩水での食塩のように，とけている物質を**溶質**，溶質が溶媒にとけた液体を**溶液**という。溶媒が水のときの溶液を，水溶液という。
② 溶質の質量は溶媒の質量に比例するから，100 g × 53.7 g ÷ 35.8 g ＝ 150 g となる。

(2) 質量パーセント濃度は 10 g ÷（10 ＋ 40）g × 100 ＝ 20 より 20％になる。

(3) 硝酸カリウムの質量は 300 g × 15 ÷ 100 ＝ 45 g より，水の質量は 300 g － 45 g ＝ 255 g になる。

(4) 食塩水の質量は 1 g ÷ 2 × 100 ＝ 50 g
したがって，
水の質量は 50 g － 1 g ＝ 49 g である。

(5) 溶液から物質を結晶としてとり出す操作を再結晶といい，再結晶には 2 つの方法がある。
温度による溶解度の差が大きい物質…水溶液の温度を下げる。
温度による溶解度の差が小さい物質…水溶液の水を蒸発させる。

3 ろ過のしかたは，次の点をおさえる。
・液はガラス棒を伝わらせてそそぐ。
・ろうとのあしはとがった方をビーカーの壁につける。
・ろ紙の重なっている部分にガラス棒の先をつける。

1 (1) 例 ガラス管の先を水から出す。(2) ア
(3) Na_2CO_3，H_2O，CO_2（順不同）(4) 5 回
(5) 名称…フェノールフタレイン溶液
色が濃い方…R

2 (1) ア (2) $4Ag$，O_2（順不同）

3 (1) 例 水は電流が流れにくいので，電流を流
れやすくするため。
(2) 計算の過程…120 g × 2.5 ÷ 100（= 3 g）
答え…3 g
(3) ⊗⊗ → ⊗ ⊗ + ○○
　⊗　　　⊗ ⊗

（解説）

1 (1) ガスバーナーの火を消すと，試験管 P 内の気圧
が下がる。このため，ガラス管の先を水につけ
たまま火を消すと，**水が試験管 P に逆流して試
験管が割れる危険**がある。

(2) 青色の塩化コバルト紙に水をつけると，**赤
（桃）色**に変化する。

(3) 気体 X を集めた試験管に石灰水を加えて振る
と，白くにごったことから，発生した気体は**二
酸化炭素**とわかる。炭酸ナトリウムの化学式は
Na_2CO_3，水の化学式は H_2O，二酸化炭素の化
学式は CO_2 である。

(4) 炭酸ナトリウムは,20℃の水 100 g に最大 22.1 g
とけるのだから，20℃の水 1 g にとける最大の
質量は，22.1 g × 1 g ÷ 100 g = 0.221 g となる。
水の密度は 1.0 g/cm³ だから，水 1.0 cm³ の質
量は 1.0 g である。ここで，とかした炭酸ナト
リウムは 1.0 g なので，炭酸ナトリウムをすべ
てとかすのに必要な水の質量は，
1 g × 1 g ÷ 0.221 g = 4.5… g とわかり，1 回に
1.0 cm³（= 1.0 g）ずつ加えたのだから，少な
くとも 5 回加えたことになる。

(5) フェノールフタレイン溶液をアルカリ性の水溶
液に加えると，**赤色**に変化する。炭酸水素ナト
リウムと炭酸ナトリウムの水溶液はどちらもア
ルカリ性を示し，炭酸ナトリウムの方がアルカ
リ性が強いので濃い赤色を示す。

2 (1) 酸化銀を加熱すると分解されて銀が生じる。よ
って，試験管に残った白い物質は銀とわかる。
銀は金属なので，電気を通しやすいという金属
に共通した性質をもつ。

(2) 集めた気体に火のついた線香を入れたとき，線

香が炎を上げて燃えたことから，発生した気体
は酸素とわかる。つまり，酸化銀を加熱すると，
銀と酸素に分解される。2 個の酸化銀 $2Ag_2O$
が分解され，4 個の銀原子 Ag と酸素 1 分子が
できる。

3 (1) 純粋な水には電流が流れないので，水酸化ナト
リウム水溶液を用いる。このとき，水酸化ナト
リウムは変化しない。

(2) 質量パーセント濃度 2.5 % の水酸化ナトリウム
水溶液にふくまれる水酸化ナトリウムの質量は，
120 g × 2.5 ÷ 100 = 3 g となる。

(3) このときの反応を化学反応式で表すと，
$2H_2O \rightarrow 2H_2 + O_2$ となる。つまり，水 2
分子から水素 2 分子と酸素 1 分子ができる。

（ミス注意）水，水素，酸素は分子でできているの
で，それらをモデルで表すときは，それぞれの原
子のモデル（◎や○）を接するようにかく。

水の分子を○ ◎ ○のように離してかくと，水
素 2 原子と酸素 1 原子を表すことになる。同
様に，水素分子を○ ○のように離してかくと，
水素 2 原子を表すことになる。

1 (1) イ (2) 硫化鉄 (3) $Fe + S \rightarrow FeS$ (4) ア

2 (1) エ (2) 例 集気びん内の酸素が減ったから。
(3) エ

3 (1) ①○○○ ②◎
(2) $2Mg + CO_2 \rightarrow 2MgO + C$
(3) ①ウ ②イ

（解説）

1 (1) 硫黄と鉄の混合物を加熱すると，熱が発生す
る。試験管の下部を加熱すると，熱がこもり，
完全に反応しなくなる。また，発生した熱で試
験管が割れる可能性がある。したがって，**イ**の
ように，混合物の上部を加熱する。また，この
反応では硫黄などの蒸気が発生する。試験管の
口の方を下げて加熱すると，硫黄の蒸気などが
試験管内にたまってしまう。

(2)(3) 鉄と硫黄の混合物を加熱すると，鉄と硫黄が
結びついて，黒色の硫化鉄ができる。このと
き，鉄原子と硫黄原子が 1：1 で結びつく。

鉄　＋　硫黄　→　硫化鉄
Fe　＋　S　→　FeS

(4) 試験管 A では，鉄とうすい塩酸が反応して水素

が発生する。硫黄と塩酸は反応しない。また，試験管**B**では，硫化鉄とうすい塩酸が反応して硫化水素が発生する。水素と硫化水素は，次のような性質をもっている。

水素…無色，無臭で，空気中で火をつけると，音を立てて燃える。

硫化水素…無色で，卵が腐ったような特有のにおいがあり，有毒である。

なお，黄緑色で刺激臭があり，殺菌作用があるのは塩素である。

2 (1) 物質が酸素と結びつく反応を**酸化**といい，熱や光を出しながら激しく酸化する場合を**燃焼**という。なお，分解は1つの物質が2種類以上の物質に分かれる変化。還元は酸化物が酸素を失う化学変化，蒸留は液体を加熱して沸騰させ，出てくる蒸気を冷やして再び液体としてとり出す方法。

(2) 集気びん内の着火したスチールウールと酸素が結びつき，酸化鉄ができる。このとき集気びん内の酸素が減るので集気びん内の気圧が下がり，石灰水が大気圧に押されて集気びん内の水面が上昇する。

(3) 石灰水に二酸化炭素を通すと，石灰水は白くにごる。この実験で，スチールウールが燃えても二酸化炭素は発生しない。したがって，石灰水は変化しない。

3 (1) (ミス対策) まず，モデルが何の原子を表しているかをつかむ。□は銅原子，○は酸素原子，◎は炭素原子，●はマグネシウム原子である。

実験Ⅰでは，酸化銅が炭素で還元され，銅と二酸化炭素ができる。よって，図3の実験Ⅰのモデルは次のようになる。

□○ □○ ＋ ◎ → □ □ ＋ ①
酸化銅　　　　炭素　　銅　　　二酸化炭素
2CuO　　　　C　　　2Cu　　　CO₂

二酸化炭素は炭素原子1個に酸素原子が2個結びついているから，○◎○と表せる。

実験Ⅱでは，二酸化炭素がマグネシウムで還元されて酸化マグネシウムと炭素ができる。したがって図3の実験Ⅱのモデルは次のようになる。

● ● ＋ ① → ●○ ●○ ＋ ②
マグネシウム　二酸化炭素　酸化マグネシウム　炭素

(2) 上のモデルで表した式を化学反応式で表すと，次のようになる。

2Mg ＋ CO₂ → 2MgO ＋ C

(3) 実験Ⅰでは，酸化銅中の酸素と炭素が結びついたのだから，酸素と結びつきやすいのは，

銅＜炭素

実験Ⅱでは，二酸化炭素中の酸素がマグネシウムと結びついたのだから，酸素と結びつきやすいのは，

マグネシウム＞炭素

これより，酸素と結びつきやすい物質の関係は，マグネシウム＞炭素＞銅　となる。

実験Ⅰの酸化銅を酸化マグネシウムにかえると，酸化マグネシウム＋炭素　となり，マグネシウムの方が炭素より酸素と結びつきやすいのだから，酸化マグネシウムが炭素によって還元されることはなく，マグネシウムはできない。

PART 12　化学変化と物質の質量 | p.54 - 55

1 (1) ア，エ，オ　(2) 2.8 g　(3) 1.6 g
2 (1) 例 ガラス管から空気が入って，銅と反応しないようにするため。
(2) 2CuO ＋ C → 2Cu ＋ CO₂　(3) 4：1
(4) 銅が 4.80 g，炭素が 0.30 g　(5) 下の図

縦軸：反応後の試験管Aの中に生じる銅の質量〔g〕
横軸：酸化銅の質量〔g〕

3 ア

(解説)

1 (1) 銅 Cu などの金属は，1種類の原子がたくさん集まってできている。塩化ナトリウム NaCl は，ナトリウム原子 Na と塩素原子 Cl がたくさん集まってできている。

(2) マグネシウムを加熱すると，酸素と結びついて酸化マグネシウムができる。加熱をくり返して質量が変化しなくなったとき，マグネシウムがすべて酸素と反応している。結果の表から，マグネシウムと酸化マグネシウムの質量の比は，0.3：0.5 ＝ 3：5 とわかる。したがって，結びついたマグネシウムの質量を x g とすると，3：5 ＝ x：7 より，x ＝ 4.2 となる。よって，結びついた酸素の質量は，7 g － 4.2 g ＝ 2.8 g になる。

(3) マグネシウム 2.1 g が完全に酸化したときにできる酸化マグネシウムの質量は，

2.1 g × 5 ÷ 3 ＝ 3.5 g となる。

銅を加熱すると酸化して酸化銅ができる。よって，混合物を加熱してできた酸化銅の質量は，

5.5 g − 3.5 g ＝ 2.0 g とわかる。

銅と酸化銅の質量の比は，4：5 なので，混合物中の銅の質量は，

2.0 g × 4 ÷ 5 ＝ 1.6 g と求められる。

2 (1) この実験は，酸化銅を炭素で還元して得られる物質の質量を求めるものである。ピンチコックを開いたままにしておくと，試験管 **A** に空気が入って，銅と酸素が結びついてしまう。

(2) 酸化銅は炭素によって還元されて銅になり，炭素は酸化銅中の酸素と結びついて二酸化炭素になる。

酸化銅 ＋ 炭素 → 銅 ＋ 二酸化炭素
2CuO ＋ C → 2Cu ＋ CO₂

(3) グラフより，加えた炭素粉末の質量が 0.45 g までは，反応後の試験管 **A** の中の物質の質量が一定の割合で減少している。これは，酸化銅が還元されて銅になり，質量が減少していったからである。なお，発生した二酸化炭素は試験管 **B** の水の中に入るので，試験管 **A** の中にはない。

炭素粉末の質量が 0.45 g より多くなると，反応後の試験管 **A** の中の物質の質量が一定の割合で増加している。これは，酸化銅が完全に還元されて銅になり，0.45 g より多い炭素粉末の質量分だけ増加したからである。したがって，6.00 g の酸化銅と炭素 0.45 g が過不足なく反応したことがわかる。よって，このときできた銅の質量は，グラフより 4.80 g と読みとれ，酸化銅 6.00 g 中の酸素の質量は，6.00 g − 4.80 g ＝ 1.20 g になる。したがって，酸化銅中の銅の質量：酸素の質量 ＝ 4.80：1.20 ＝ 4：1 となる。

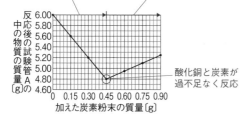

酸化銅が還元されて銅になり，質量が減少

加えた炭素粉末の 0.45 g 以上の分だけ増加する

酸化銅と炭素が過不足なく反応

(4) （ミス対策） 0.45 g 以上の炭素粉末を加えても，銅の質量は変わらない。また，炭素粉末は 0.45 g 以上は残ることに注意。

炭素粉末は 0.45 g 以上反応しないから，炭素が，0.75 g − 0.45 g ＝ 0.30 g，銅が 4.80 g 残っている。

(5) 炭素粉末 0.45 g が過不足なく反応して銅 4.80 g が生じるのだから，0.30 g の炭素粉末と過不足なく反応して生じる銅の質量は，4.80 g × 0.30 ÷ 0.45 ＝ 3.2 g となり，このとき，試験管 **A** には銅が 3.2 g 残る。銅 3.2 g を得るのに必要な酸化銅の質量は，3.2 g × 5 ÷ 4 ＝ 4.0 g である。よって，加える酸化銅の質量が 4.0 g までは原点を通る直線のグラフになり，それ以後は，酸化銅の質量がふえても試験管 **A** に残る銅の質量は変わらないから，グラフは横軸に平行になる。

3 吸熱反応は，周囲から熱をうばう反応である。逆に，発熱反応は，周囲に熱をあたえる反応である。化学エネルギーの観点からみたとき，エネルギーが，

反応前＞反応後　となると，発熱反応で，
反応前＜反応後　となると，吸熱反応である。

PART 13 水溶液とイオン　p.58 - 59

1 (1) ア　(2) エ
2 (1) エ　(2) 陽イオン　(3) ア　(4) イ
3 (1) HCl → H⁺ ＋ Cl⁻　(2) ①陽イオン　②−
③イ　(3) 例 塩酸とふれる金属板の面積は変えずに，塩酸の濃度だけを変えて実験を行う。

（解説）

1 (1) 炭素棒 **A** は電源装置の −極に接続されているので陰極，炭素棒 **B** は電源装置の ＋極に接続されているので陽極となる。

塩化銅水溶液中では，陽イオンの銅イオンと，陰イオンの塩化物イオンに電離している。

・陰極（炭素棒 **A**）での変化…＋の電気を帯びた陽イオンである**銅イオンが引かれ**，陰極から**電子を受けとって銅原子**になり，陰極に付着する。

・陽極（炭素棒 **B**）での変化…−の電気を帯びた陰イオンである**塩化物イオンが引かれ**，陽極に**電子をあたえ塩素原子**になる。塩素原子

は **2個結びついて**，気体の**塩素分子**となって発生する。塩化銅水溶液の電気分解を図で示すと，下のようになる。

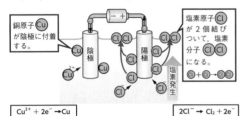

銅原子 Cu が陰極に付着する。

塩素原子 Cl が 2 個結びついて，塩素分子になる。

陰極

陽極

塩素発生

$Cu^{2+} + 2e^- \rightarrow Cu$

$2Cl^- \rightarrow Cl_2 + 2e^-$

（e⁻ は電子を表している）

(2) **（ミス対策）** 銅原子が電子を2個失って銅イオンになることに注意する。したがって，銅イオンの化学式は Cu^{2+} となる。また，塩化物イオンは2個生じることにも注意。

2 (1) 電流が流れる水溶液にはイオンが存在している。ショ糖やエタノールは水にとけても電離せず，分子の状態で存在している。また，精製水にもイオンは存在していない。

(2) 原子が−の電気を帯びている電子を失うと，結果として＋の電気を帯びるようになる。これを陽イオンという。

(3) ナトリウム原子 Na がナトリウムイオン Na^+ になるときのようすを示すと，

$Na \rightarrow Na^+ + e^-$（電子）

(4) 二次電池は蓄電池ともいう。なお，一次電池は乾電池のように使い切りの電池，燃料電池は水素と酸素の反応を利用して電気をとり出す装置である。

3 (1) 塩化水素 HCl は，水素イオン H^+ と塩化物イオン Cl^- に電離する。

(2) ①亜鉛は−の電気を帯びた電子を失うのだから陽イオンとなる。

②③電子が流れる向きは亜鉛板→銅板となる。電流の向きは電子が流れる向きの逆と決められているので，亜鉛板が電池の−極，銅板が＋極となる。

(3) 電圧や電流の大きさが，塩酸の濃度のちがいによってどのような影響を受けるかを調べるのだから，塩酸の濃度だけを変えて実験する。このとき，金属板の面積は一定にしておくことに注意する。

1 (1) 電離　(2)①イ　②エ　(3) A
2 (1)①イ　②ア　③ウ　(2)①A…OH⁻ B…H⁺
　②18a 個　③エ
3 バリウムイオン…ア　硫酸イオン…イ

（解説）

1 (1) 電解質に対して，水にとけてもイオンに分かれない物質を**非電解質**という。

(2)①異なる種類の電気は引き合う性質がある。赤色リトマス紙は陽極側で色が変化したので，色を変化させたのは−の電気を帯びている陰イオンとわかる。

②水酸化ナトリウムは次のように電離している。

NaOH　→　Na^+　＋　OH^-
水酸化ナトリウム　ナトリウムイオン　水酸化物イオン

これより，水酸化ナトリウムが電離して生じる陰イオンは水酸化物イオンだから，**アルカリ性を示すもとになるものは，水酸化物イオン OH⁻**とわかる。

(3) 酸性の水溶液は，青色リトマス紙を赤色に変える。**酸性を示すもとになるものは水素イオン H⁺**で，＋の電気を帯びているから陰極側に移動する。したがって，**A**の青色リトマス紙が赤色に変化する。

2 (1) BTB 溶液に，酸性の水溶液を加えると**黄色**，中性の水溶液を加えると**緑色**，アルカリ性の水溶液を加えると**青色**を示す。

・うすい塩酸は酸性の水溶液だから➡BTB 溶液を加えると黄色になる。

・うすい塩酸にアルカリ性の水酸化ナトリウム水溶液を加えると，中和の反応が起こり中性になる➡BTB 溶液を加えると緑色になる。

・中性になった水溶液にさらに水酸化ナトリウム水溶液を加えると，アルカリ性になるから➡BTB 溶液を加えると青色になる。

(2)①塩酸（塩化水素 HCl の水溶液）は次のように電離している。

HCl　→　H^+　＋　Cl^-
塩化水素　水素イオン　塩化物イオン

塩酸に水酸化ナトリウム水溶液を加えると，水素イオンと水酸化物イオンが結びつく中和反応が起きて水 H_2O が生じる。

H^+　＋　OH^-　→　H_2O

このとき，塩化物イオンは中和に関係しないので水溶液中にそのまま残り，ナトリウムイオンも中和に関係しないので，加えた水酸化ナトリウム水溶液分だけふえていく。

水酸化ナトリウム水溶液を加える前後でのイオンのモデルの数は，

・加える前　…○6個　●6個
・加えたあと…○4個　●6個　●2個

これより，水酸化ナトリウム水溶液を加える前後で，数が減っている○（**B**）が水素イオン，数が変化していない●が塩化物イオンになる。

また，加えたあとで数がふえている●がナトリウムイオンとわかるから，水酸化ナトリウム水溶液のモデルの◉（**A**）は水酸化物イオンになる。

②塩酸 $6\,cm^3$ 中にふくまれるイオンの種類と数は，

　　水素イオン…$6a$個　　塩化物イオン…$6a$個

水酸化ナトリウム水溶液 $9\,cm^3$ にふくまれるイオンの種類と数は，

　　ナトリウムイオン…$9a$個

　　水酸化物イオン…$9a$個

これより，$6a$個の水素イオンが $6a$個の水酸化物イオンと結びついて水になり，$9a-6a=3a$（個）の水酸化物イオンが残る。

したがって，ビーカーの中にふくまれるイオンの総数は，

（$6a$個の塩化物イオン）＋（$3a$個の水酸化物イオン）＋（$9a$個のナトリウムイオン）＝$18a$個になる。

別解 はじめの $6\,cm^3$ の塩酸にふくまれるイオンの総数は，$2a\times6=12a$　この塩酸に水酸化ナトリウム水溶液を加えていくと，塩酸中の水素イオンは中和に使われて減っていくが，その分，加えた水酸化ナトリウム水溶液中のナトリウムイオンがふえていき，水溶液中のイオンの総数は，中性になるまで $12a$個のまま変化しない。よって，水酸化ナトリウム水溶液を $9\,cm^3$ 加えたときのイオンの総数は，中性になったときより，水酸化ナトリウム水溶液，$9\,cm^3-6\,cm^3=3\,cm^3$ にふくまれるイオンの数だけふえている。したがって，イオンの総数は，$12a+2a\times3=18a$ となる。

③濃度を $\frac{1}{2}$ にした水酸化ナトリウム水溶液中のイオンの数は，同じ体積のもとの水酸化ナトリ

ウム水溶液中のイオンの数の $\frac{1}{2}$ になる。塩酸 $6\,cm^3$ と水酸化ナトリウム水溶液 $6\,cm^3$ が過不足なく中和するので，塩酸 $6\,cm^3$ を中和するのに必要な，濃度を $\frac{1}{2}$ にした水酸化ナトリウム水溶液の体積は，2倍の，$6\,cm^3\times2=12\,cm^3$ 必要になる。よって，水酸化ナトリウム水溶液を $12\,cm^3$ 加えたところで水素イオンの数は0になる。

3 硫酸の電離は次のように表せる。

$$H_2SO_4 \rightarrow 2H^+ + SO_4^{2-}$$
　硫酸　　　水素イオン　硫酸イオン

これより，水素イオンが6個存在する硫酸中には硫酸イオンは3個存在する。

水酸化バリウムは次のように電離する。

$$Ba(OH)_2 \rightarrow Ba^{2+} + 2OH^-$$

これより，水酸化物イオンが4個存在する水酸化バリウム水溶液中には，バリウムイオンが2個存在する。

硫酸に水酸化バリウム水溶液を加えると，$SO_4^{2-}+Ba^{2+}\rightarrow BaSO_4$（硫酸バリウムとなって沈殿する）の反応が起こり，反応する硫酸イオンとバリウムイオンの数の比は 1：1 とわかる。よって，硫酸イオンが3個存在する硫酸に，バリウムイオンが2個存在する水酸化バリウム水溶液を加えると，硫酸イオンが1個残り，バリウムイオンはすべて反応して0個になる。

3章　生物

PART 15 植物のつくり　　p.66 - 67

1 (1)イ　(2)がく
2 イ→ア→エ→ウ
3 (1)イ→ウ→ア→エ　(2)離弁花　(3)P…イ　Q…ア　R…ウ
4 (1)側根　(2)ア，エ，オ

解説

1 (1)ルーペは目に近づけて持つ。観察するものが動かせるときは観察するものを前後に動かしてよく見える位置をさがし，観察するものが動かせないときは，顔を前後に動かして，よく見える位置をさがす。

(2)タンポポの綿毛は，がくが変化したものである。

2 顕微鏡の観察の手順は，次のようになる。
①反射鏡を調節して，視野が一様に明るくなるようにする。
②プレパラートをステージにのせる。
③対物レンズをプレパラートに近づける。
④対物レンズとプレパラートを離しながらピントを合わせる。

3 (1) 花にはふつう，外側から順に，がく，花弁，おしべ，めしべがついている。

(2) 発芽のときの子葉が**1枚**の植物を**単子葉類**，**2枚**の植物を**双子葉類**という。双子葉類は，花弁のつき方で2つに分けられる。
離弁花…花弁が1枚1枚離れている。
合弁花…花弁がもとの方でくっついている。

(3) 種子をつくってふえる植物を**種子植物**といい，種子植物は子房の有無によって被子植物と裸子植物に分けられる。
被子植物…胚珠が子房の中にある。
裸子植物…子房がなく，**胚珠はむき出しである**。アブラナとマツはどちらも種子植物で，アブラナは被子植物，マツは裸子植物に属する。

4 (1) 双子葉類の中心の太い根を**主根**といい，そこから枝分かれした細い根を**側根**という。なお，単子葉類の根は**ひげ根**である。

(2) 葉脈が網状脈になっているのは双子葉類で，ここではエンドウ，タンポポ，アブラナがあてはまる。なお，イネ，ツユクサは単子葉類で，葉脈は平行脈である。

PART 16 植物と動物の分類　　p.70-71

1 (1) 胞子　(2) ア　(3) ウ　(4) (順に) ア，エ
2 オ
3 (1) からだの特徴…イ　軟体動物のなかま…エ，カ　(2) エ，オ
4 (1) (順に) イ，ウ　(2) 胎生

(解説)

1 (1) イヌワラビなどのシダ植物，ゼニゴケなどのコケ植物は胞子をつくって子孫をふやす。

(2) サクラは被子植物で胚珠が子房の中にある。受粉後成長し，やがて**胚珠が種子**になり，**子房が果実**になる。サクラにできた「さくらんぼ」は果実で，この果実を食べている。
イチョウは裸子植物で，子房がないので果実は

できない。イチョウにできた「ぎんなん」は全体が種子で，種子の一部を食べている。

(ミス対策) 被子植物と裸子植物で子房の有無に注意。

(3) アブラナは双子葉類で，トウモロコシは単子葉類である。
双子葉類…子葉は2枚。茎の維管束は輪の形に並び，葉脈は**網状脈**で，根は**主根**と**側根**。
単子葉類…子葉は1枚。茎の維管束は散らばっており，葉脈は**平行脈**で，**ひげ根**。

(4) イヌワラビは葉・茎・根の区別があり，維管束がある。水を根から吸収している。ゼニゴケは葉・茎・根の区別がなく，維管束がない。水をからだの表面全体から吸収している。

2 Aは体温を一定に保つことができるのだから鳥類か哺乳類で，胎生ではないので鳥類とわかる。BとEは子は水中で生まれるから魚類か両生類で，Eの親は肺で呼吸しないのだから魚類とわかり，よって，Bは両生類になる。Dの親は肺で呼吸し，子は水中で生まれないので鳥類かは虫類。さらに，体温を一定に保つことはできないので，Dははは虫類となる。残るCが哺乳類になる。
アは哺乳類，イははは虫類，ウは鳥類，エは両生類，オは魚類の特徴を表している。

3 (1) 軟体動物は，内臓などが外とう膜とよばれる膜でおおわれている。外骨格は，節足動物のからだの外側をおおう殻である。
軟体動物には，貝のなかまやイカ，タコがあてはまる。

(2) 脊椎動物のうち，卵を産んでなかまをふやすのは魚類，両生類，は虫類，鳥類である。このうち，
魚類・両生類…殻のない卵を水中に産む。
は虫類・鳥類…殻のある卵を陸上に産む。

4 (1) トカゲははは虫類で，イモリは両生類である。
は虫類…からだがうろこでおおわれている。
両生類…からだの表面はしめった皮膚になっている。

(2) ウサギなどの哺乳類は，子宮内である程度成長させてから子を産む。このような生まれ方を胎生という。これに対し，卵から子がかえる生まれ方を卵生という。

1 (1) 名称…師管　記号…ア　(2)①ア　②根の
表面積　③道管
2 (1)〔例〕光が必要であること　(2) B…ア
C…ア　E…ウ　(3)オ　(4)①水　②酸素
3 (1)〔例〕水面から水が蒸発するのを防ぐため。
(2) 6.5 cm³

〔解説〕

1 (1) 葉でつくられ，水にとけやすいものに変わった
物質が通る管は師管で，維管束では外側にある。
(2)①維管束が図2のように輪の形に並んでいるの
は双子葉類で，アブラナがあてはまる。なお，ツ
ユクサ，イネ，トウモロコシは単子葉類である。
②根毛があることによって根の表面積が大きく
なり，効率よく水を吸収できるようになる。
③水が通る管を道管といい，(1)の**イ**にあたる。
2 (1) アルミニウムはくで試験管全体をおおうと，光
がさえぎられる。
(2) BTB溶液が青色を示す液はアルカリ性である。
息にふくまれる二酸化炭素が水にとけると酸性
の水溶液になり，アルカリ性の水溶液に加える
と中和が起こってBTB溶液は緑色になる。ま
た，BTB溶液は酸性で黄色を示す。
　BのBTB溶液が青色になったのは，水草に光が
当たり，水草が光合成を行って二酸化炭素を吸
収したからである。また，生きている生物は呼吸
を行っているから，**B**の葉は呼吸も行っている。
CのBTB溶液が緑色のままなのは，光が弱い
ので光合成をさかんに行うことができず，水草
が光合成で吸収した二酸化炭素の量と，呼吸で
排出した二酸化炭素の量がほぼ同じであったか
らである。**E**のBTB溶液が黄色になったのは，
Eの葉には光が当たらないので光合成ができ
ず，呼吸だけを行って二酸化炭素を放出し，液
が酸性になったからである。
(3) (2)の解説を参照のこと。
(4) 光合成の原料は，根から吸収した水と，気孔か
らとり入れた二酸化炭素である。また，光合成
ではデンプンのほかに酸素もつくられる。
3 (1) 水面から水が蒸発すると，蒸散量を正確に調べ
ることができない。

(2) A～Cで，蒸散が行われた部分と水の減少量は，
A…茎，葉の裏　　　　　　5.2 cm³……①
B…茎，葉の表　　　　　　2.1 cm³……②
C…茎，葉の裏，葉の表　　6.9 cm³……③
これより，茎からの水の蒸散量は，上の，
(①＋②－③)で求められるから，その蒸散量は，
5.2 cm³＋2.1 cm³－6.9 cm³＝0.4 cm³……④となる。
よって，すべての葉の表側と裏側からの蒸散量
の合計は，(③－④)で求められるので，
6.9 cm³ － 0.4 cm³ ＝ 6.5 cm³ となる。

1 (1) L　(2) 組織
2 (1) 肺胞　(2)〔例〕肺の表面積が大きくなるから。
3 (1) ペプシン　(2) エ　(3) (柔毛をもつことで)
〔例〕小腸の表面積が大きくなり，栄養分を吸
収しやすくなる。
4 (1) エ　(2)〔例〕急な沸騰を防ぐため。(3) イ
(4) ブドウ糖　(5) X…胆汁　Y…モノグリセリド

〔解説〕

1 (1) 各部分の名称は右の図
のようになる。このう
ち，動物の細胞には見
られず，植物の細胞に
見られ，からだの形を保つはたらきをもつの
は，細胞壁である。

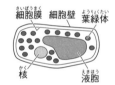

細胞膜　細胞壁　葉緑体
核　液胞

(2) 細胞が集まって組織，組織が集まって器官，器
官が集まって個体がつくられる。
2 (1) 気管が枝分かれして気管支になり，気管支の先
は多数の肺胞につながっている。
(2) 肺が小さな肺胞が多数集まってできていること
により，肺の表面積が大きくなる。肺胞のまわ
りには毛細血管がとりまいているので，酸素と
二酸化炭素の交換を効率よく行うことができる。
3 (1) 胃液中の消化酵素ペプシンは，タンパク質(**A**)
にはたらく。
(2) すい液中の消化酵素は，タンパク質，脂肪(**B**)，
デンプン(**C**)にはたらく
(3) 柔毛が無数にあることによって，小腸の表面積
が大きくなり，栄養分とふれる面積も大きくな
るので，栄養分を効率よく吸収できる。

4 (1) だ液にふくまれ，デンプンを分解する消化酵素はアミラーゼである。なお，ペプシンは胃液にふくまれてタンパク質を分解し，トリプシンはすい液にふくまれてタンパク質を，リパーゼはすい液にふくまれて脂肪を分解する消化酵素である。

(2) 沸騰石を入れないで液体を加熱すると，急に沸騰することがあり危険である。

(3) 各試薬の反応は次のようになる。

デンプンにヨウ素液を加える。
　→**青紫色**に変化する。…①
デンプンが分解された**麦芽糖など**にベネジクト液を加え加熱する。
　→**赤褐色の沈殿**ができる。…②

Aでは①の反応が見られず，**D**では②の反応が見られたことから，**A**，**D**は水でうすめただ液を入れた試験管であるとわかる。

(4) デンプンは麦芽糖などに分解されたあと，最終的にブドウ糖に分解されて，小腸の壁の柔毛から吸収されて毛細血管に入る。

(5) 脂肪はまず，肝臓でつくられ胆のうにためられた胆汁によって細かくされる。なお，胆汁には消化酵素はふくまれていない。脂肪はその後，すい液中の消化酵素のはたらきで脂肪酸とモノグリセリドに分解され，小腸の壁から吸収されたあと，再び脂肪となってリンパ管に入る。

PART 19 血液循環，排出，刺激と反応　| p.82 - 83

1 (1) b　(2) ア　(3) 例 **心臓から送り出される血液の圧力にたえるため。**(4) ア　(5) X…オ　Y…ウ

2 **40 秒**

3 (1) 感覚器官　(2) ① 3.36　② 0.24　(3) エ

4 (1) けん　(2) ⓑア　ⓒウ　(3) ア

（解説）

1 (1) 酸素を多くふくむ血液を**動脈血**といい，肺で酸素を受けとって心臓に向かう血液が流れる**b**の肺静脈に最も多くふくまれている。

(2) 白血球は体内に入った細菌をとらえてからだを守っている。なお，**イ**は赤血球，**ウ**は血小板，**エ**は肝臓のはたらきである。

(3) 血液の圧力は，動脈を流れる血液の方が静脈を流れる血液より高くなっている。

---

(4) 毛細血管からしみ出た血しょうを組織液といい，組織液をなかだちとして，酸素・養分と二酸化炭素・不要物の交換が行われる。

(5) 有害なアンモニアは，次のように排出される。

有害なアンモニア	→	肝臓で無害な尿素に変えられる。	→
じん臓で尿素がこしとられる。	→	尿として排出される。	

2 1 秒間の拍動の回数…75 回 ÷ 60 s = 1.25 回 /s

1 秒間に心臓から送り出される血液の量…
$$80 \text{ mL} \times 1.25 = 100 \text{ mL/s}$$

4000mL の血液が心臓から送り出される時間…
$$4000 \text{ mL} \div 100 \text{ mL/s} = 40 \text{ s}$$

3 (1) 感覚器官には，皮膚のほかに，目，耳，鼻などがある。

(2) ① 3 回の測定時間の平均は
$$(3.41 \text{ s} + 3.38 \text{ s} + 3.29 \text{ s}) \div 3 = 3.36 \text{ s}$$
② 1 人あたりの反応にかかる時間は
$$3.36 \text{ s} \div 14 = 0.24 \text{ s}$$

(3) 意識して起こす反応では，皮膚からの刺激の信号が脊髄に送られて脳に伝わり，反応の命令が脳から出されて脊髄→筋肉と伝わる。

4 (1) アキレスけんが有名である。

(2) **中枢神経**…脳や脊髄からなる。
　末しょう神経…中枢神経から細かく枝分かれした神経で，**感覚神経**と**運動神経**からなる。

(3) 一対の筋肉のどちらか一方が縮むことによってうでを曲げたりのばしたりすることができる。

PART 20 生物のふえ方と遺伝　| p.86 - 87

1 (1) ①イ　②ア　③イ　(2) 例 **親の染色体をそのまま受けつぐので親と同じ形質が現れる**

2 (1) DNA（デオキシリボ核酸）　(2) A　(3) エ　(4) イ　(5) 個体 Y…Bb　固体 Z…bb

3 (1) 酢酸オルセイン溶液（酢酸カーミン溶液，酢酸ダーリア溶液）
(2) （ア）→オ→ウ→エ→イ　(3) 例 **根は，先端に近い部分で細胞の数がふえ，それぞれの細胞が大きくなることで成長する。**(4) 例 **染色体が複製されるから。**

1 (1) 被子植物では精細胞はおしべのやくでつくられる花粉の中にでき，卵細胞はめしべの子房の中の胚珠にできる。胚は細胞の集まりで，次の世代の植物のからだになる部分である。胚珠は種子に，子房は果実になる。

(2) 農作物は，形や大きさ，色や味が優れたものが求められる。そこで，有性生殖で優れた特徴をもった子を選び出し，無性生殖を利用して一定の品質のそろった農作物をつくり出すことができる。

2 (1) DNA は，デオキシリボ核酸という物質の英語名 deoxyribonucleic acid の略称である。

(2) 丸形の純系のエンドウの遺伝子の組み合わせは AA と表されるので，減数分裂によって生殖細胞にある種子の形を決める遺伝子は A となる。

(3) 子葉は，子の形質ですべて黄色だから，黄色が顕性形質，緑色が潜性形質とわかる。孫の代では，**顕性形質と潜性形質が 3：1 の割合で現れる**から，**X** にあてはまる数は，$2001 \times 3 = 6003$ より，**エ**が選べる。

(4) 種子を丸形にする遺伝子を A，しわ形にする遺伝子を a とすると子の代での遺伝子の組み合わせは，右の表①のように Aa となる。また，孫の代での遺伝子の組み合わせは右の表②のようになる。このうち，丸形の

表①

	A	A
a	Aa	Aa
a	Aa	Aa

表②

	A	a
A	AA	Aa
a	Aa	aa

形質が現れるのは AA，Aa である。また，AA と Aa の数の比は，AA：Aa ＝ 1：2 となる。丸形の純系のエンドウの種子の遺伝子の組み合わせは AA なので，丸形の純系のエンドウの種子と同じ遺伝子をもつ個体数は，5474 個 $\times 1 \div (1 + 2) ≒ 1825$ 個となり，**イ**が選べる。

(5) 草たけが低い方は潜性形質だから，草たけが低い方の遺伝子の組み合わせは bb となる。よって，個体 **Z** の遺伝子の組み合わせも bb とわかる。ここで，草たけが高い個体と，低い個体が同数現れるためには，右の表③のように，Bb：bb ＝ 1：1 になるかけ合わせが必要だから，個体 **Y** の遺伝子の組み合わせは Bb となることがわかる。

表③

	B	b
b	Bb	bb
b	Bb	bb

3 (1) 細胞を染色液（酢酸オルセイン溶液）で染めると，核と染色体が赤色に染まる。

(2) 細胞分裂の順は，次のようになる。
- 核に染色体が現れる（**オ**）。
- 染色体が中央に集まる（**ウ**）。
- 染色体が両端に分かれる（**エ**）。
- 細胞にしきりができる（**イ**）。

(3) **A→B→C** となるにつれて，小さい細胞がしだいに大きくなっていることがわかる。

(4) 体細胞分裂では，染色体が複製されて数が 2 倍になり，それらが分裂した 1 つ 1 つの細胞に入るので，染色体の数は分裂前と変わらない。

4章 地学

PART 21 火をふく大地　p.90 - 91

1 マグマのねばりけ…強い
噴火のようす…激しい
2 (1) 等粒状組織　(2) ウ　(3) 例 マグマが地表や地表近くで急に冷え固まってきた。
3 イ
4 (1) B…ア　C…エ　(2) 深成岩　(3) 斑状組織

解説

1 雲仙普賢岳の火山灰は，**無色鉱物の長石を多く**ふくんでいるので**白っぽい**。
三原山の火山灰は，**有色鉱物の輝石を多くふく**んでいるので**黒っぽい**。
- 白っぽい火山灰を噴出する火山…マグマのねばりけは強く，噴火のようすは激しい。
- 黒っぽい火山灰を噴出する火山…マグマのねばりけは弱く，噴火のようすはおだやか。

2 (1)(3)火山岩と深成岩のでき方とつくりは，次のようになっている。

	火山岩	深成岩
でき方	マグマが地表や地表近くで急に冷え固まってできる。	マグマが地下深くでゆっくり冷え固まってできる。
つくり	石基の中に斑晶が散らばる斑状組織	同じ大きさの鉱物がすき間なく並ぶ等粒状組織
例	安山岩	花こう岩

(2) 火山岩と深成岩の名称は次のように覚えよう。

新	幹	線	は
深成岩	花こう岩	せん緑岩	斑れい岩

か	り	あ	げ
火山岩	流紋岩	安山岩	玄武岩

なお，石灰岩は生物の死がいなど(主成分は炭酸カルシウム)が堆積してできた堆積岩である。

3 マグマのねばりけが**弱い**と，**A**のように傾斜が**ゆるやかな**火山になり，噴火は**おだやか**である。マグマのねばりけが**強い**と，**B**のように盛り上がった**ドーム状**の火山になり，噴火は**激しい**。

4 (1) 岩石**A**は最も白っぽく，同じくらいの大きさの角ばった粒が組み合わさった等粒状組織をしているから，深成岩のうちの花こう岩とわかる。
岩石**B**は形のわからないほどの小さな粒の間に大きく角ばった粒が散らばっている斑状組織をしているので，火山岩の玄武岩。
岩石**C**は同じくらいの大きさの丸みを帯びた粒が集まっているので，堆積岩の砂岩。
岩石**D**が残る斑れい岩になる。

(2) 斑れい岩は深成岩にふくまれる。

(3) 大きな結晶の部分を斑晶といい，そのまわりを小さな鉱物やガラス質である石基がとりまいているつくりを斑状組織という。

PART 22 ゆれ動く大地　p.94 - 95

1 (1) ウ　(2) b　(3)例 日本海溝から日本列島に向かって，海のプレートが陸のプレートの下にだんだんと深く沈みこんでいるから。
(4) 活断層
2 (1) ア　(2) エ
(3)①午前 7 時 19 分 21 秒
②グラフ…右の図　記号…ウ

縦軸: 初期微動継続時間[s]（0, 5, 10, 15, 20, 25）
横軸: 震源からの距離[km]（0, 50, 100, 150, 200, 250）

（解説）

1 (1) 海のプレートは，海底山脈ともよばれる海嶺で生じる。海溝は海底で 6000 m 以上の深さで深く溝状になっているところ。東北地方の東の海底に日本海溝がある。
(2) ユーラシアプレートとフィリピン海プレートの地球表面上における境界は，四国地方，九州地方の南側にある。
(3) 陸のプレートの下に海のプレートが沈みこむ境界で大きな地震が発生し，海のプレートは陸のプレートの下にだんだん深く沈みこんでいるので，震源の分布がだんだん深くなっている。
(4) 過去の地震で生じた断層で，今後もくり返しずれが生じる可能性のある断層を活断層という。

2 (1) 図から，震央（×の位置）から観測地点の距離が遠くなるにつれて震度が小さくなる傾向があることがわかる。ただし，観測地点の距離が同じ地点でも震度が異なる場合がある。これは，土地のつくり（地盤の性質）のちがいが原因である。

(2) 地震が起こると，震源からP波とS波が同時に発生し，伝わる速さはP波の方がS波より速いのでP波が先に伝わる。P波が届いて起こるはじめの小さなゆれを**初期微動**といい，そのあとのS波が届いて起こる大きなゆれを**主要動**という。

(3)①P波は，**A**地点から**C**地点までの，80 km − 40 km = 40 km を，7 時 19 分 31 秒−7 時 19 分 26 秒＝5 秒で伝わっているから，その速さは，40 km ÷ 5 s = 8 km/s となる。よって，P波が**A**地点まで到着する時間は，40 km ÷ 8 km/s ＝ 5 s となり，地震が発生した時刻はP波が**A**地点に届いた 5 秒前の，7 時 19 分 26 秒 − 5 秒 ＝ 7 時 19 分 21 秒とわかる。

②初期微動継続時間は，P波とS波が届いた時刻の差にあたる。P波とS波が届いた時刻のデータのない部分は，P波とS波の速さをもとに求める。（ここでは，午前 7 時は省略してある）
・P波が届いた時刻は，
B地点…19 分 21 秒 ＋ 56 km ÷ 8 km/s = 19 分 28 秒
D地点…19 分 21 秒 ＋ 100 km ÷ 8 km/s = 19 分 33.5 秒
F地点…19 分 21 秒 ＋ 164 km ÷ 8 km/s = 19 分 41.5 秒
S波は，**B**地点から**D**地点までの，100 km − 56 km = 44 km を，19 分 46 秒 − 19 分 35 秒 = 11 秒で伝わっているから，その速さは，44 km ÷ 11 s = 4 km/s となる。
・S波が届いた時刻は，
A地点…19 分 21 秒 ＋ 40 km ÷ 4 km/s = 19 分

31 秒

C 地点…19 分 21 秒 + 80 km ÷ 4 km/s = 19 分 41 秒

E 地点…19 分 21 秒 + 120 km ÷ 4 km/s = 19 分 51 秒

これより，初期微動継続時間は，

A 地点…19 分 31 秒 − 19 分 26 秒 = 5 秒

B 地点…19 分 35 秒 − 19 分 28 秒 = 7 秒

C 地点…19 分 41 秒 − 19 分 31 秒 = 10 秒

D 地点…19 分 46 秒 − 19 分 33.5 秒 = 12.5 秒

E 地点…19 分 51 秒 − 19 分 36 秒 = 15 秒

F 地点…20 分 02 秒 − 19 分 41.5 秒 = 20.5 秒

これらの点をとって直線で結ぶと，解答のような図になる。グラフより，震源からの距離と初期微動継続時間は比例関係にあることがわかる。A 地点（震源からの距離が 40 km の地点）での初期微動継続時間が 5 秒だから，初期微動継続時間が 18 秒の地点の震源からの距離は，40 km × 18 s ÷ 5 s = 144 km と求められる。なお，グラフから約 140 km と読みとれるので，**ウ**が選べる。

PART 23 変動する大地 | p.98 - 99

1 (1) 堆積岩 (2) 例 角がとれて丸みを帯びている。 (3) 火山の噴火 (4) X…鍵層 Y…エ
2 (1) D 層 (2) ア (3) ア…C 層 イ…小さい
3 (1) イ (2) ウ

解説

1 (1) 泥や砂などが**堆積してできた岩石**を堆積岩という。

(2) 流水のはたらきでできる岩石の粒は，岩石が運ばれる途中で，岩石どうしがぶつかったり，川底でこすれたりして角がとれ，丸みを帯びている。

(3) 凝灰岩は火山灰などが堆積してできた岩石だから，火山の噴火があったと考えられる。

(4) ミス対策 まず鍵層を見つけ，その標高から傾きを判断しよう。

P，Q，R の 3 地点に見られる凝灰岩層はすべて同じ地層とあるから，東西方向，南北方向の傾きを凝灰岩層を利用して求める。

東西方向の断面を示す図 2 で，凝灰岩層の標高は西側にある Q 地点の方が東側にある P 地点よ

り低くなっている。よって，西側に向かって低くなっていることがわかる。

南北方向の断面を示す図 3 で，凝灰岩層の標高は，南側にある R 地点の方が北側にある P 地点より低くなっている。したがって，南側に向かって低くなっている。

東西方向では西側へ，南北方向では南側に低くなっているから，この地域の地層は南西の方向に向かって低くなっていることがわかる。

2 (1) 地層は，土砂などが海底で下から順に堆積してできる。したがって，地層に上下の逆転がない場合は，下の地層ほど古い時代に堆積したものである。

(2) **示相化石**…地層ができた当時の**環境**を推定する手がかりになる化石。

示準化石…地層ができた**時代**を推定する手がかりになる化石。

現在，サンゴの生息している環境から，あたたかくて浅い海であったと考えられる。

(3) 粒の大きさが小さい方が河口や岸から遠く離れたところまで運ばれて堆積する。C 層の砂岩の層をつくる粒は，D 層のれき岩をつくる粒より小さい。よって，この地域が河口や岸から離れていたのは C 層ができたときとわかる。

3 (1) チャートは生物の死がい（主成分は二酸化ケイ素）などが堆積してできた岩石で，ハンマーでたたくと火花が出るほどかたい。なお，**ア**は砂岩や泥岩，**ウ**は火山岩，**エ**は石灰岩の特徴を述べている。

(2) フズリナやサンヨウチュウは，古生代の代表的な示準化石である。

PART 24 気象観測, 水蒸気 | p.102 - 103

1 ア
2 (1) 天気…くもり 風向…南東 (2) ウ (3) ウ
3 ア
4 (1) 露点 (2) 37% (3) イ

解説

1 1 日目の 0 時から 18 時までは，天気記号①より晴れとわかる。晴れの日は日中に気温が上がり，気温と湿度は逆の変化をするので，A が気温，B が湿度を表している。

2 (1) 天気記号◎はくもりである。風向は風のふいて

くる向きで，矢羽根は東と南の中間にあるから南東である。

(2) 標高が高くなるほど上空の空気の量が少なくなるので，気圧は低くなる。なお，気圧の単位には hPa が用いられ，1 hPa = 100 Pa で 1 Pa が 1 m² あたり 1 N の力がはたらいていることを表す。また，高気圧，低気圧は，まわりより気圧が高いか低いかによって決まり，1000 hPa を基準にしていない。

(3) 北半球の低気圧・高気圧における地表をふく風，中心付近の気流は次のようになる。

	低気圧	高気圧
地表をふく風	反時計回りにふきこむ	時計回りにふき出す
中心付近の気流	上昇気流	下降気流

3 圧力を求める公式は次のようになる。

$$圧力〔Pa〕 = \frac{面を垂直に押す力〔N〕}{力がはたらく面積〔m^2〕}$$

これより，スポンジが最も深く沈むのは，面積が最も小さいときとわかる。面積が最も小さいのは面 **A** だから，

圧力 = 6 N ÷ (0.04 × 0.05)m² = 3000 Pa

4 (1) 露ができ始めるときの温度で，露点という。

(2) 露点での飽和水蒸気量が，この空気 1 m³ にふくまれる水蒸気量にあたる。湿度を求める公式は次のようになる。

$$湿度〔\%〕 = \frac{空気1m^3中にふくまれている水蒸気量〔g/m^3〕}{そのときの気温での飽和水蒸気量〔g/m^3〕} × 100$$

よって，湿度 = 6.4 g/m³ ÷ 17.3 g/m³ × 100 = 36.9… より，37％ となる。

(3) 20℃で湿度 60％の空気 1 m³ にふくまれている水蒸気量は，17.3 g × 60 ÷ 100 = 10.38 g
増加した水蒸気量は 1 m³ あたり，10.38 g − 6.4 g = 3.98 g なので，加湿器から実験室内の空気 200m³ 中に放出された水蒸気量は，
3.98 g/m³ × 200 m³ = 796 g となり，**イ** が選べる。

PART 25 前線と天気の変化　　p.106 - 107

1 (1) 右の図　(2) 天気…
くもり→雨　風向…
南西→北　(3) 寒冷前
線…**ウ**　温暖前線…
カ　(4) **イ, ウ**　(5) ②, ①, ③

2 (1) **ウ**　(2) **A**　(3) ①小笠原　②西高東低

3 (1) 偏西風　(2) 図2, 図1, 図3

（解説）

1 (1) 低気圧の中心 **X** から南東方向（**X**—**Z**）に温暖前線がのび，南西方向（**X**—**Y**）に寒冷前線がのびる。温暖前線の記号は進行方向におわん形，寒冷前線の記号は進行方向にくさび形である。

(2) 寒冷前線が通過すると気温が急に下がるので，寒冷前線が通過したのは 3 月 10 日の 6 時から 9 時の間と考えられる。6 時の天気記号は◎だからくもり，9 時の天気記号は●なので雨である。

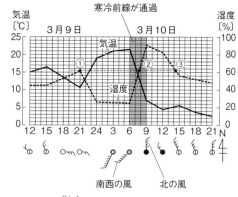

(3) 寒気の方が暖気より**密度が大きい**ので**下**になる。
寒冷前線付近…寒気が暖気の下にもぐりこみ，暖気を押し上げる。
温暖前線付近…暖気が寒気の上にはい上がり，寒気を押しやる。

(4) 等圧線を見ると，地点 **A** は地点 **B** より低気圧の中心から離れていて気圧は **A** 地点の方が高い。また，地点 **A** は寒冷前線の近くだから積乱雲が発達している。なお，乱層雲が発達するのは温暖前線の前方である。

(5) 飽和水蒸気量は気温が高いほど大きいから，湿度が同じとき，気温が高いほどふくまれる水蒸気量は多い。①のときの気温は 11℃，②のときの気温は約 14℃，③のときの気温は約 5.5℃ と読みとれる。

2 (1) 図1で東西にのびている停滞前線は梅雨前線で，つゆのころに見られる。図2は等圧線が南北に密に通っているので冬の気圧配置，図3は太平洋高気圧が発達しているから夏の天気図である。

(2) 風は等圧線の間隔がせまいほど強くふく。地点Aは地点Bより等圧線の間隔がせまいので，強い風がふく。

(3) ①北のオホーツク海気団と南の小笠原気団の勢力がつり合い，停滞前線ができる。小笠原気団が日本をおおうようになると，つゆが明ける。
②西の大陸側に**高**気圧，東の太平洋側に**低**気圧があり，西高東低の気圧配置になっている。このとき，日本へ北西の季節風がふく。

3 (1) 日本が位置する中緯度地域の上空には，偏西風という強い西風がふいている。

(2) 偏西風の影響で，高気圧や低気圧は西から東へ移動する。図2で朝鮮半島付近にあった高気圧が図1で日本付近をおおうようになり，図3で関東地方の東の太平洋上に移動している。

PART 26 地球の運動と天体の動き | p.110 - 111

1 (1) 恒星 (2) C (3) エ (4) 53.4 度 (5) ア
(6) 記号…ア　理由…**例** 地球は地軸を中心として西から東へ自転しているため，図2より，地点Xはこれから光が当たるので朝方と判断できる。また図2より，北極側が明るいことから，地軸の北極側が太陽の方向に傾いていることがわかるので，北極側にある地点Xは夏至であると判断できるから。
2 (1) ア (2) 自転の向き…**反時計回り**　公転の向き…**反時計回り**
3 (1) 運動…**日周運動**　理由…**例** 地球が自転しているから。(2) **例** 北極星が地軸の延長線上にあるため。(3) 内容…**1 年で 1 回公転**
① a ② 6

解説

1 (1) 太陽や星座を形づくっている星のように，自ら光を出す天体を恒星という。

(2) 観測者の位置は透明半球の中心Oにあたり，太陽は南の空を通るからAが南となる。よって，北はCである。

(3) 太陽は1日（24時間）で地球のまわりを運動しているように見えるから，1時間では，360°÷24 ＝ 15°動いて見える。よって，9時から

11時までの2時間では，
15°× 2 ＝ 30°動いて見える。

(4) **春分の日の太陽の南中高度 ＝ 90°－その地点の緯度** で求められる。
よって，90°－ 36.6°＝ 53.4°となる。

(5) 春分・秋分の日，夏至の日，冬至の日の太陽の透明半球上の動きは右の図のように

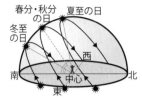

なる。太陽の動きを記録した弧がつくる円の直径は春分・秋分が最大である。これより，同じ時間での曲線の長さは，春分・秋分の日が最も長くなることがわかる。

(6) 日の出の時刻は東の地域ほど早いので，太陽の光が当たっている地域はすでに太陽がのぼっている。よって地点Xはこれから日の出をむかえる朝方となる。また，境界線の傾きから，北極側を太陽の方に向けているので夏とわかる。

2 (1) 夏至の日は，北極側を太陽の方向に向けているので，アとなる。これより，エが秋分の日，北極側を太陽と反対方向に向けているウが冬至，イが春分の日の位置となる。

(2) 地球の自転・公転の向きは，北極側から見てどちらも反時計回りである。

3 (1) 太陽や星が1日に1回地球のまわりを動いているように見える運動を，日周運動という。日周運動は地球の自転による見かけの動きである。

(2) 北極星は地軸の延長線上にあるので，ほとんど動かない。

(3) 地球は1年で1回公転しているから，同時刻に見える星は1か月で，360°÷ 12 ＝ 30°動いて見える。よって，北の空では同じ時刻に見える星は，1か月で30度反時計回りの位置にある。
1月20日は11月20日の2か月後だから，午後10時に，30°× 2 ＝ 60°反時計回りに回転したaの位置にある。星は1時間で，360°÷ 24 ＝ 15°回転するから，Xからaまで回転するのに，60°÷ 15 ＝ 4時間かかる。北の空の星の回転の向きは反時計回りなので，1月20日にカシオペヤ座がXの位置にあった時刻は，aの位置にあった時刻の4時間前で，午後10時－4時間＝午後6時と求められる。

1 (1) 例 金星が地球より内側を公転しているから。
(2) 月…A 金星…c (3) エ (4) エ (5) G
2 (1) ウ (2) ア (3)①イ ②ア ③イ
3 (1) ウ (2) ウ (3) ア (4) 銀河系

解説

1 (1) 金星は地球の内側を公転しているので、夕方か
明け方にしか見ることができない。

(2) 明け方に真南に見える半月は下弦の月で、**A**の
位置にある。なお、**C**は新月、**D**は三日月、**E**
は上弦の月、**G**は満月の位置である。明け方に
東の空に見える金星の位置は**c**で、明けの明星
という。**a**の位置の金星は夕方西の空に見える
金星で、よいの明星という。

(3) 金星の公転周期は0.62
年なので、1年で動く角
度は、360°÷0.62≒580°
となり、右の図の位置に
なる。これより、夕方、
西の空に見えることがわかる。

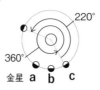

(4) 2日後は下弦の月から新月に近づくから、より
欠けている。また、同じ時刻に見える月の位置
はしだいに東側に移動する。

(5) 月食は、太陽、地球、月がこの順に一直線上に
並んだときに見られ、満月が地球の影に入る現
象である。

2 (1) 金星は太陽の右側にあるので、左側が光って見
える。また、地球と金星を結んだ直線と太陽と
金星を結んだ直線がつくる角度が90°に近いの
で、半月の形に見える。

(2) 図1で、金星と火星は同じ方角にあるので、公
転軌道上で地球から見た金星と火星はほぼ一直
線上にある。

(3) 金星の公転周期は地球より短いので、1か月後
には地球より先に進んでいる。よって、太陽と
地球を結んだ直線と金星と地球を結んだ直線が
つくる角が図2のときより小さくなるので高度
は低くなり、見かけの大きさは小さくなる。ま
た、火星の公転周期は地球より長いので、1か
月後の高度は高くなっている。したがって、金
星と火星は離れて見える。

なお、金星の公転周期は0.6年なので、1か月
後には、360°÷0.6÷12＝50°動いている。
火星の公転周期は1.9年だから、1か月後には、
360°÷1.9÷12≒16°動いている。

また、地球は1か月後
には、360°÷12＝30°
動いている。これより、
1か月後の金星、火星、
地球の位置はそれぞ
れ、右の図のようにな
る。

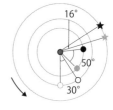

3 (1) 木星は惑星の中で最も直径が大きい。

(2) 地球型惑星はおもに岩石でできているので密度
は大きく、直径は木星型惑星に比べて小さい。
木星型惑星はおもに気体でできているから密度
は小さく、直径は大きい。

(3) 地球型惑星は、太陽に近い順に、水星、金星、
地球、火星の4つである。

(4) 地球が属する太陽系は、銀河系に属している。

5章 環境

1 (1) $2H_2 + O_2 → 2H_2O$ (2)①エ ②57
2 (1) ウ、エ (2) 光 (3) バイオマス発電
3 (1) あ…⑤ い…⑦ う…④ え…③
(あ、いは順不同) (2) 7.9 L (3) ウ、エ
(4) 例 自然の中で分解されにくい性質

解説

1 (1)水素2分子と酸素1分子が反応して、水2分子
ができる。

(2)①電熱線に電流が流れると発熱する。これと同
じように、送電中には送電線に熱が発生して、
電気エネルギーは熱エネルギーに変わることで
失われる。

②利用される電気エネルギーの量は、消費電力
が40Wの照明器具を連続して10分間使用で
きる電気エネルギーなので、その量は、
40 W×(60 × 10)s = 24000 J
この割合が40だから、利用される熱エネルギ
ーの量が34200 Jのときの割合は、
40 × 34200 J ÷ 24000 J = 57 となる。

2 (1) 再生可能エネルギーとは，太陽のエネルギーなどいつまでも利用できるエネルギーをいう。その利用例として，ここでは，地下のマグマの熱を利用した地熱発電，風の力を利用した風力発電があてはまる。なお，火力発電に使用される石油・石炭・天然ガスや，原子力発電に使用されるウランなどには限りがある。

(2) 光電池は太陽の光エネルギーを電気エネルギーに変換する。

(3) エネルギー源として利用できる生物体をバイオマスという。バイオマスには農林業から出る作物の残りかす，家畜のふん，間伐材などがある。これらを使った発電をバイオマス発電という。

3 (1) **あ，い** 表で，C～Eが金属，F～Jがプラスチックになる。その両方に共通する性質とは，両方に○がついている性質だから，⑤の腐らない，⑦の成形や加工がしやすいがあてはまる。

う 金属は鍋などの調理器具に利用されているとある。調理器具は熱を利用するから，熱しても燃えにくいという④の性質があてはまる。

え 感電などを防ぐために電気製品に利用されているとあるので，③の電気を通しにくいという性質があてはまる。

(2) 二酸化炭素1.0 Lの質量が2.0 gだから，15.7 gの二酸化炭素の体積は，1.0 L × 15.7 g ÷ 2.0 g ＝ 7.85 Lとなり，小数第2位を四捨五入して7.9 Lである。

(3) 物体の浮き沈みの関係は次のようになる。

物体の密度＞溶液の密度　　物体は沈む。
物体の密度＜溶液の密度　　物体は浮く。

F～Jを密度の小さい順に並べると，

H	G	J	F	I
0.90	0.95	1.06	1.39	1.40

それぞれを選別するときの密度の小さい方の溶液，密度の大きい方の溶液の組み合わせは，

H　ア　　　　　　　と　イ，ウ，エ，オ
G　ア，イ　　　　　と　ウ，エ，オ
J　ア，イ，ウ　　　と　エ，オ
F　ア，イ，ウ，エ　と　オ
I　ア，イ，ウ，エ　と　オ

これより，Jだけを選別するには，密度の小さい方の溶液にはH，Gが浮く**ウ**，密度の大きい方の溶液には，F，Iが沈む**エ**を選べばよい。

(4) プラスチックは自然界の細菌類や菌類によって分解されにくく，自然界に放置されるとそのまま残ってしまう。自然界に放置されて海に流出したプラスチックごみは，紫外線による劣化や波の作用を受けて小さくなっていき，このプラスチックを海の生物がとりこむ問題が生じている。

PART 29 自然の中の人間　p.122 - 123

1 (1) 光合成　(2) 生産者　(3) 食物連鎖　(4) ア
(5) イ
2 (1) イ，エ　(2) イ，ウ，エ
3 (1) イ　(2) ビーカー…A
理由…デンプンが分解されたから。
4 光合成で吸収

(解説)

1 (1) 植物は大気中の二酸化炭素をとり入れ，二酸化炭素と水を原料としてデンプンなどの栄養分をつくる，光合成というはたらきを行っている。

(2) 植物は光合成を行ってデンプンなどの有機物を生産している。このことから，植物を自然界の生産者という。

(3) 生物どうしの，食べる・食べられるという，鎖のようにつながった関係を食物連鎖という。

(4) 生物Aが急激に減少すると，生物Aに食べられる植物は増加し，生物Aを食べる生物Bは食べ物が少なくなるので減少する。

(5) 生物Aは草食動物，生物Bは肉食動物，生物Cは落ち葉などを食べるミミズなどの土中の小さな生物や，死がいや排出物を分解する菌類・細菌類があてはまる。

2 (1) 微生物が有機物を分解するはたらきを利用してつくられる食品は，発酵食品である。ヨーグルトは牛乳に乳酸菌や酵母を混ぜてつくられ，キムチは白菜に唐辛子などを加え，乳酸菌による発酵を利用してつくられる。

(2) 消費者は，生産者(植物)がつくり出した有機物を直接とり入れる草食動物，草食動物を食べる肉食動物があてはまる。ここでは，アオミドロなどの植物プランクトン以外はすべて消費者である。

3 (1) デンプンにヨウ素液を加えると，青紫色に変化する。

(2) 花だんの土には微生物がふくまれているので，花だんの土に水を加えると，上澄み液にも微生物がふくまれる。

ここで，上澄み液を沸騰させると，沸騰させた上澄み液の微生物は死滅してしまう。したがって，

ビーカーA…微生物がふくまれる。

ビーカーB…微生物がふくまれていない。

微生物はデンプンを分解する。よって，

ビーカーA…デンプンは分解されて残っていない➡ヨウ素液を加えても変化しない。

ビーカーB…デンプンが残っている➡ヨウ素液を加えると青紫色に変化する。

4 バイオマスを燃やしたときに出る二酸化炭素は，バイオマスのもとになる植物が光合成で吸収した二酸化炭素の量とほぼつり合うと考えられている。このような考え方をカーボンニュートラルという。したがって，バイオマスを燃焼させても，大気中の二酸化炭素の濃度を上昇させることにはならないと考えられている。

模擬学力検査問題

解答

第1回 p.124 - 127

1 (1) 実像　(2) 15 cm　(3) ア　(4) 15 cm

2 (1) CO_2　(2) イ　(3) エ　(4) 0.6 g
(5) 例 ガラス管を石灰水から抜く。

3 (1) ①花粉管　②受精　(2) イ　(3) 270 個

4 (1) イ　(2) 6 km/s　(3) 34 分 58 秒
(4) 28 秒後

5 (1) 20 Ω　(2) 0.5 A　(3) 10 V　(4) ア

6 (1) $H^+ + OH^- \rightarrow H_2O$　(2) ウ
(3) 塩酸を 5 cm³　(4) エ

解説

1 (1) 実際にスクリーンにうつすことのできる像を実像という。これに対して，スクリーンにうつすことができず，凸レンズを通して見える像を虚像という。なお，虚像は，物体を焦点の内側に置いたときに見られる。

(2) 物体を焦点距離の2倍の位置に置いたとき，物体と同じ大きさの像ができる。物体と凸レンズとの距離を30 cmにしたとき，スクリーン上に物体と同じ大きさのはっきりした像ができたのだから，この凸レンズの焦点距離は，30 cm ÷ 2 = 15 cm とわかる。

(3) 物体を凸レンズに近づけていったときの凸レンズからスクリーンまでの距離と，像の大きさは，次の図のようになる。

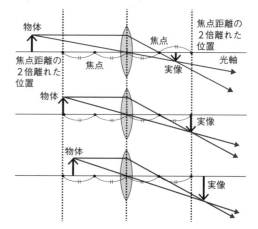

(4) 新聞の文字を拡大して見るのだから，虚像を見ることになる。よって，凸レンズと新聞までの距離は，焦点距離の長さ未満になっている。

2 (1) 石灰水に二酸化炭素を通すと，石灰水は白くにごる。二酸化炭素は，炭素原子1個に酸素原子が2個結びついてできている。

(2) 炭酸水素ナトリウムを加熱すると，炭酸ナトリウム，二酸化炭素，水に分解する。したがって，試験管Aの口付近についた液体は水である。水に青色の塩化コバルト紙をつけると，赤色（桃色）に変化する。

(3) 炭酸水素ナトリウムと白色の固体（炭酸ナトリウム）の水へのとけ方とフェノールフタレイン溶液を加えたときのようすを示すと，次のようになる。

	炭酸水素ナトリウム	炭酸ナトリウム
水へのとけ方	少しとける	よくとける
フェノールフタレイン溶液を加える	うすい赤色➡弱いアルカリ性	濃い赤色➡強いアルカリ性

(4) 発生した気体とできた液体の質量の和＝試験管Aの質量＋炭酸水素ナトリウムの質量－加熱後の試験管Aの質量　となる。よって，24.4 g ＋ 1.5 g － 25.3 g ＝ 0.6 g となる。

(5) ガスバーナーの火を消すと，試験管A内の気圧は低くなる。よって，ガラス管を石灰水の中に入れたまま火を消すと，石灰水が試験管Aに逆流して，試験管が割れる危険がある。そのため，ガスバーナーの火を消す前に，ガラス管を石灰水から抜いておく。

3 (1) 被子植物の受精は，次のように行われる。
おしべでつくられた花粉が柱頭につく➡花粉から花粉管がのびる➡花粉管の中を精細胞が胚珠に向かう➡精細胞の核と胚珠の中の卵細胞の核が合体する。

(2) ①「個体Aのめしべの柱頭に個体Bの花粉がついた」とあるので，個体Aが雌の体細胞，個体Bが雄の体細胞とわかる。生殖細胞である卵細胞ができるとき，体細胞の染色体が半分になる減数分裂を行うので，卵細胞の模式図は**a**になる。
②精細胞の模式図は**b**で，**a**と**b**が受精して**d**の体細胞ができる。

(3) 子の代，孫の代でできる遺伝子の組み合わせは次の表のようになる。

子の代の遺伝子の組み合わせ

	A	A
a	Aa	Aa
a	Aa	Aa

孫の代の遺伝子の組み合わせ

	A	a
A	AA	Aa
a	Aa	aa

これより，孫の代で遺伝子Aをもつのは全体の4分の3だから，遺伝子Aをもつ種子の数は，360個×3÷4＝270個となる。

4 (1) はじめの小さなゆれ**X**を初期微動といい，P波が到着することで起こる。そのあとの大きなゆれ**Y**を主要動といい，S波が到着することによって起こる。

(2) P波は，地点Aと地点Bの距離の差，66 km － 42 km ＝ 24 km を，9時35分09秒 － 9時35分05秒 ＝ 4秒で伝わっているので，速さは，24 km ÷ 4 s ＝ 6 km/s となる。

(3) P波が地点Aに到着するまでの時間は，42 km ÷ 6 km/s ＝ 7 s だから，地震が発生した時刻は，P波がA地点に到着した時刻の7秒前で，9時35分05秒 － 7秒 ＝ 9時34分58秒である。

(4) 緊急地震速報が発表されたのは，地点AでXのゆれが始まってから3秒後だから，9時35分05秒 ＋ 3秒 ＝ 9時35分08秒である。したがって，地点CでYのゆれが始まるのは，緊急地震速報が発表されてから，9時35分36秒 － 9時35分08秒 ＝ 28秒後となる。

5 (1) 抵抗＝電圧÷電流　で求められ，電熱線Aに6Vの電圧を加えたとき，0.3 Aの電流が流れているから，抵抗＝6 V ÷ 0.3 A ＝ 20 Ω である。

(2) 図2は並列回路だから，電熱線A，Bに加わる電圧はどちらも6Vで，電流計には電熱線A，Bに流れる電流の和の電流が流れる。よって，下の図で，電熱線Aには0.3 A，電熱線Bには0.2 Aの電流が流れることがわかり，電流計には，0.3 A ＋ 0.2 A ＝ 0.5 Aの電流が流れる。

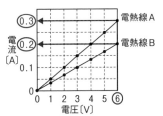

別解 電熱線Aに流れる電流は $6V \div 20\Omega = 0.3A$

電熱線Bの抵抗は $6V \div 0.2A = 30\Omega$

電熱線Bに流れる電流は $6V \div 30\Omega = 0.2A$

電流計に流れる電流は $0.3A + 0.2A = 0.5A$

(3) 図3は直列回路なので，電熱線A，B，電流計には0.2Aの電流が流れる。電源の電圧は電熱線A，Bに加わる電圧の和になる。下の図で，電熱線A，Bに流れる電流が0.2Aのとき，電熱線Aには4V，電熱線Bには6Vの電圧が加わるから，電源の電圧は，$4V + 6V = 10V$ になる。

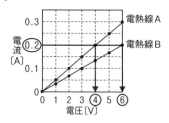

別解 電熱線Aに加わる電圧 $= 20\Omega \times 0.2A = 4V$

電熱線Bに加わる電圧 $= 30\Omega \times 0.2A = 6V$

電源の電圧 $= 4V + 6V = 10V$

(4) 電力＝電圧×電流　で求められる。

図3の直列回路では，図2の並列回路より，電熱線A，Bに流れる電流，加わる電圧とも小さい。図2の並列回路では電圧は同じ大きさなので，電力は流れる電流が大きい電熱線Aの方が大きくなる。

6 (1) 酸の水溶液にふくまれる水素イオン H^+ とアルカリの水溶液にふくまれる水酸化物イオン OH^- が結びついて，水 H_2O ができる。この反応を**中和**という。

(2) BTB溶液を酸性の水溶液に加えると黄色，中性の水溶液に加えると緑色，アルカリ性の水溶液に加えると青色を示す。BTB溶液の色は，

・塩酸は酸性の水溶液だから，BTB溶液は黄色。

・塩酸にアルカリ性の水酸化ナトリウム水溶液を加えると，中和の反応が起こってやがて中性になる。このときBTB溶液は緑色。

・さらに水酸化ナトリウム水溶液を加えると，アルカリ性になる。BTB溶液は青色。

(3) ビーカーCで中性になったのだから，塩酸と水酸化ナトリウム水溶液は，$20:20 = 1:1$ の体

積比で過不足なく中和することがわかる。よって，ビーカーDでは，$25 cm^3 - 20 cm^3 = 5 cm^3$ の水酸化ナトリウム水溶液が反応せずに残っている。したがって，Dのビーカーの水溶液を中性にするには，塩酸を $5 cm^3$ 加えればよい。

(4) **ア**　Bのビーカーにも塩酸が残っているので，マグネシウムリボンを加えると，水素が発生する。

イ　Bのビーカーの水溶液は酸性だから，赤色のリトマス紙をつけても変化しない。なお，青色のリトマス紙をつけると赤色になる。

ウ　Cのビーカーの水溶液は中性なので，pHの値は7となる。

エ　Dのビーカーの水溶液はアルカリ性を示すので，フェノールフタレイン溶液を加えると赤色に変化する。

第2回　p.128 - 131

1 (1) 69%　(2) 非電解質　(3) エ　(4) 蒸留

2 (1) イ　(2) ウ　(3) 肝臓　(4) G　(5) 肺胞

3 (1) 春分　(2) 右の図　(3) D
(4) ウ

4 (1) 例 水面からの水の蒸発を防ぐため。
(2) ウ　(3) 双子葉類
(4) 8倍

5 (1) 66%　(2) 14℃
(3) 梅雨前線（停滞前線）
(4) ウ

6 (1) 0.6J　(2) 右の図
(3) 350 cm/s　(4) エ

解説

1 (1) エタノール $50.0 cm^3$ の質量は，

$0.79 g/cm^3 \times 50.0 cm^3 = 39.5 g$

水 $18.0 cm^3$ の質量は，

$1.0 g/cm^3 \times 18.0 cm^3 = 18 g$

よって，質量パーセント濃度は，

$39.5 g \div (39.5 + 18) g \times 100 = 68.6\cdots$ より，69%

(2) エタノールは水にとけても電離しないので電流が流れない。このような物質を非電解質という。これに対し，水にとかしたとき電流が流れる物質を電解質という。

(3) エタノールの沸点は約78℃，水の沸点は100℃である。したがって，エタノールの沸点近く

でエタノールが先に沸騰し，水の沸点近くで水が沸騰する。

(4) 蒸留をくり返すことによって，より純粋な物質が得られる。

2 (1) **A**の肺動脈には静脈血が流れている。

Cの大動脈には動脈血が流れている。

Dの大静脈には静脈血が流れている。

(2) 小腸の毛細血管に吸収された栄養分は，肝臓へ送られる。小腸の毛細血管に吸収されるのは，デンプンが消化されたブドウ糖と，タンパク質が消化されたアミノ酸である。

(3) アンモニアは肝臓で尿素に変えられ，じん臓に送られて尿として排出される。

(4) 尿素はじん臓でこしとられるので，じん臓を通過後の血液には，ふくまれる尿素の割合は低い。

(5) 気管支の先にある無数の小さな袋状のものを肺胞といい，肺胞が無数にあることによって肺の表面積が大きくなり，気体の交換を効率よく行える。

3 (1) 太陽は真東から出て真西に沈んでいるので，春分の日か秋分の日である。ここで，この日から1か月後に，日の出の位置は北寄りになったのだから夏至に近づいていて，この日は春分の日とわかる。

(2) 春分の日から3か月後は夏至の日で，夏至の日の太陽の南中高度は1年のうちで最も高くなる。よって，南中の位置は**b**になる。夏至の日の透明半球上の太陽の通り道を真東側から見ると，春分の日の記録と平行になる。

(3) 図3で，地球の公転の向きは反時計回りになっているから，図は北極側から見たものとわかる。**A**の位置の地球は，北極を太陽の方に向けているから，夏至の日とわかる。よって，春分の日の地球の位置は**D**となる。

(4) 6か月後の地球の位置は**B**である。**B**での真夜中の位置と方位を示すと下の図のようになる。よって，真夜中におうし座は東，みずがめ座は南，さそり座は西の空に見える。

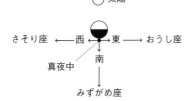

なお，しし座は日の入りのころ西にある。

4 (1) 水面から水が蒸発すると，正確な蒸散量が調べられない。

(2) 吸収された水は道管を通って運ばれる。道管は維管束の内側にある。なお，**P**は葉でできた養分が運ばれる管で，師管という。

(3) 発芽のときの子葉が2枚の植物を双子葉類といい，図2のように，維管束が輪の形に並んでいる。

(4) **A**〜**C**で蒸散が行われる部分と水の減少量を示すと，

A 茎，葉の裏　　　　2.6 cm³……①

B 茎，葉の表　　　　0.5 cm³……②

C 茎，葉の表，葉の裏　2.9 cm³……③

これより，茎からの水の減少量は，

（①＋②－③）で求められるので，

2.6 cm³ ＋ 0.5 cm³ － 2.9 cm³ ＝ 0.2 cm³ となる。

よって，葉の裏からの水の減少量は，2.6 cm³ － 0.2 cm³ ＝ 2.4 cm³　葉の表からの水の減少量は，0.5 cm³ － 0.2 cm³ ＝ 0.3 cm³

蒸散量は水の減少量と等しいと考えられるから，葉の裏からの蒸散量は，葉の表からの蒸散量の，2.4 cm³ ÷ 0.3 cm³ ＝ 8 より8倍となる。

5 (1) 乾球温度は，乾湿計の温度の高い方だから22℃，湿球温度は18℃と読みとれる。乾球温度と湿球温度の差は，22℃ － 18℃ ＝ 4℃　よって，湿度は下のように，乾球温度22℃の行と乾球温度と湿球温度との差4.0℃の列が交わった部分の66%とわかる。

乾球温度	乾球温度と湿球温度との差〔℃〕							
〔℃〕	2.0	2.5	3.0	3.5	4.0	4.5	5.0	5.5
23	83	79	75	71	67	63	59	55
22	82	78	74	70	66	62	58	54
21	82	77	73	69	65	61	57	53
20	81	77	72	68	64	60	56	52
19	81	76	72	67	63	59	54	50
18	80	75	71	66	62	57	53	49
17	80	75	70	65	61	56	51	47
16	79	74	69	64	59	55	50	45

(2) 気温22℃，湿度66%の空気1 m³にふくまれる水蒸気量は，気温22℃での飽和水蒸気量が19.4 g/m³なので，

19.4 g × 66 ÷ 100 ≒ 12.8 g

空気1 m³について0.7gの水滴が凝結するのは，露点での水蒸気量が，

12.8 g － 0.7 g ＝ 12.1 gのときで，このときの気温は表2より，14℃と読みとれる。

(3) (4)つゆ（梅雨）のころにできる停滞前線を梅雨
　　前線といい，北のオホーツク海気団と南の小笠
　　原気団の勢力がつり合っているときにできる。
　　なお，シベリア気団は冬に発達する。

6 (1) 質量 150 g の小球にはたらく重力の大きさは，
　　150 g ÷ 100 g = 1.5 より 1.5 N だから，
　　仕事 = 1.5 N × 0.4 m = 0.6 J

(2) 重力 **W** を対角線とし，斜面に垂直な方向，斜面
　　に平行な方向を 2 辺とする平行四辺形（この場
　　合は長方形）をかいたとき，2 辺が分力になる。

(3) 小球は水平面上を 0.3 秒で 105 cm 移動してい
　　るので，
　　速さ = 105 cm ÷ 0.3 s = 350 cm/s

(4) 力学的エネルギーは保存されるので，小球が **A**
　　～**C** でもっている力学的エネルギーは**等**しい。